JÖRG ZIEMER
KRISTINA ZIEMER-FALKE

HUNDE ERZIEHEN

DER PROBLEMLÖSER

blv

Inhalt

Vorwort

Hunde sind toll! Wir können uns nichts Schöneres vorstellen, als mit Hunden zu arbeiten, und sind froh, einen der schönsten Berufe der Welt ausüben zu dürfen. Das bedeutet aber nicht, dass Hundetrainer keine Probleme mit ihren eigenen Hunden haben, denn da sind wir auch »nur Menschen« und sicherlich spielt eine gewisse »Betriebsblindheit« eine Rolle. Folglich freuen wir uns umso mehr, dass Sie uns in diesem Buch begleiten. Denn hier haben wir die gängigsten Probleme von Hundehaltern zusammengefasst und bieten Ihnen für jeweils 77 häufige Probleme Lösungen an, die Ihr Zusammenleben mit Ihrem Hund erleichtern.

Vielleicht finden Sie sich in der einen oder anderen Situation wieder und können die Tipps für die Lösung des jeweiligen Problems umsetzen. Dadurch, dass wir Sie und Ihren Hund leider nicht persönlich kennen, wägen Sie jedoch bitte bei jedem Lösungsweg ab, ob dieser zu Ihrem Hund und Ihrem Alltag passt. Hinweise für Sie, dass Sie das Training gut umsetzen, sind:

- Ihr Hund hat Spaß am Training.
- Sie haben Spaß daran.
- Sie sind erfolgreich und Verbesserungen stellen sich ein.

Wir wünschen Ihnen viel Spaß beim Lesen des Buches und eine tolle gemeinsame Zeit mit Ihrem Hund!

Alles Liebe und herzliche Grüße

Ihre Kristina Ziemer-Falke & Ihr Jörg Ziemer

Betteln, jagen, wälzen – tierisches Fehlverhalten

Manchmal machen sich Hunde selbstständig auf den Weg oder haben eigene Ideen, die nicht unseren Wünschen entsprechen. Zu typischen Problemen zeigen wir Lösungen auf, die das Zusammenleben erleichtern.

Mein Hund durchwühlt den Mülleimer

01

Wenn Ihr Hund gerne im Mülleimer wühlt, ist es besonders wichtig, dass er schlichtweg keine Chance mehr dazu bekommt. Dafür werden alle Mülleimer außerhalb seiner Reichweite verwahrt oder fest verschlossen. Erst danach kann das Training beginnen.

Erste Maßnahme

Wenn Ihr Hund gerne im Mülleimer wühlt, so kann das verschiedene Ursachen haben: Langeweile, Hunger oder der Wunsch nach Aufmerksamkeit. Die Erste-Hilfe-Maßnahme in jedem Fall: Stellen Sie alle für den Hund zugänglichen Mülleimer außerhalb seiner Reichweite, zum Beispiel auf Tische oder Theken oder aber in einen durch eine Tür abgetrennten anderen Raum. Falls das keine Option ist, so sollten Sie sich Mülleimer zulegen, die fest verschließbar sind.

Training

Danach kann das Training beginnen: Ihr Hund muss lernen, dass es eine Regel in Ihrem Haushalt gibt: »Die Mülleimer werden nicht ausgeräumt.« Denn für ihn ist diese Regel keinesfalls natürlich. In der freien Wildbahn ist Futter für jeden zugänglich, sofern es niemand verteidigt. Sofern Sie also nicht neben Ihrem Mülleimer stehen und die Inhalte verteidigen, ist es seiner Meinung nach völlig in Ordnung, den Mülleimer nach Essbarem zu durchsuchen.

So trainieren Sie am besten: Stellen Sie den Mülleimer wieder an seinen Platz und warten Sie, bis Ihr Hund sich diesem nähert. Bereits bei der ersten Intention brechen Sie ihn mit einem »Nein« ab (siehe Abbruchsignal trainieren, Seite 10). Hält er in diesem Moment inne, loben Sie ihn überschwänglich. Sie können ihn danach zusätzlich zu sich rufen oder ihm eine andere alternative Verhaltensweise anbieten, wie zum Beispiel in sein Körbchen zu gehen. So lösen Sie die Situation auf und verhindern, dass Ihr Hund sofort wieder der Versuchung vor seiner Nase erliegt.

Die Übung können Sie wiederholen, bis Ihr Hund den Mülleimer nicht mehr zu plündern versucht, solange Sie in der Nähe sind.

Safety first – Da sich in einem Mülleimer nicht nur Lebensmittel befinden, sondern dieser auch mit jeder Menge unverdaulichem Material gefüllt sein kann, kann sich der Hund schnell den Magen verstimmen. Daher ist ein Wegstellen des Mülleimers – sofern noch kein Training stattgefunden hat – das erste Mittel der Wahl. So schützen Sie Ihren Hund präventiv.

Das Abbruchsignal

Ein Abbruchsignal kann für verschiedene Alltagssituationen nützlich sein. So kann es zum Beispiel eingesetzt werden, wenn Sie Ihren Liebling davon abhalten möchten, etwas vom Boden zu fressen oder an jemandem hochzuspringen. Um das Abbruchsignal »Nein« zu trainieren und um selbst die richtige Intensität dieses »Nein« auszutesten, bietet sich das sogenannte »Nimm-Nein«-Spiel an. Dazu brauchen Sie nur tolle Leckerchen. Und natürlich Ihren Hund, mit dem Sie das Abbruchsignal trainieren wollen.

Schritt 1 Der erste Schritt, um das Abbruchsignal zu trainieren, ist recht einfach. Setzen Sie sich vor Ihren Hund und nehmen Sie ein Leckerli in die Hand. Schließen Sie die Hand, sodass Ihr Hund das Leckerchen nicht direkt fressen kann. Sagen Sie nun »Nimm« und öffnen Sie die Hand. Ihr Hund darf nun das Leckerli nehmen. Diesen Schritt können Sie ein paar Mal wiederholen, bis Ihr Hund das Signal »Nimm« verstanden hat.

Schritt 2 Nehmen Sie ein Leckerchen in die geschlossene Hand, öffnen Sie diese und sagen Sie »Nein«, sobald Ihr Hund sich das Leckerli einverleiben will. Es kann ein paar Anläufe dauern, bis Sie die richtige Intensität Ihres Signals gefunden haben, die Ihren Hund tatsächlich davon abhält, das Leckerli zu nehmen.

Schritt 3 Wenn Ihr Hund auf das »Nein« hin von Ihrer Hand ablässt, sagen Sie »Nimm« und halten ihm das Leckerli hin. So wird der Hund für seine Reaktion auf das »Nein« belohnt.

KIT – Für einen erfolgreichen Abbruch müssen drei Komponenten erfüllt sein: Konsequenz, Intensität und Timing. Brechen Sie das unerwünschte Verhalten immer ab, auch wenn der Hund es zehnmal versucht. Passen Sie die Intensität dem Hund an. Er soll das Verhalten abbrechen, aber auch keine Angst vor Ihnen bekommen. Und brechen Sie das Verhalten am besten im Ansatz ab, um den besten Effekt zu erzielen.

Probleme beim Üben

Die folgenden Probleme treten bei dieser Übung oft auf:

Der Hund nimmt das Leckerli trotzdem. Vielleicht nimmt er Ihr »Nein« nicht als Abbruch wahr, da es sich nicht »ernst« genug anhört. Versuchen Sie, das »Nein« kurz und mit einem angespannten Bauch zu sagen. Oder stellen Sie sich vor, das Leckerli in Ihrer Hand wäre giftig. So lernen Sie ganz schnell, das »Nein« etwas schärfer zu sagen.

Es kann auch passieren, dass Ihr Hund das Leckerli nach dem »Nein« und dem »Nimm« nicht mehr nehmen möchte. Dann war Ihr »Nein« zu intensiv und Ihr Hund hat nun das Gefühl, das Leckerchen wäre dauerhaft tabu. Wer die Übung mit Leckerli in der Hand gemeistert hat, der kann sie schwieriger gestalten, indem er die Belohnung auf den Boden wirft, statt sie in der Hand zu halten. An dieser Variante ist besonders interessant, dass Sie hier nicht unbewusst mit der Körpersprache nachhelfen können: Es kommt also ganz auf die Stimme an!

Oben: *Im ersten Schritt erlauben Sie Ihrem Hund, das Leckerchen zu nehmen.*
Unten links: *Bei »Nein« lernt der Hund, dass das Leckerli nun für ihn tabu ist.*
Unten rechts: *Wartet der Hund brav ab, darf er die Belohnung fressen.*

02 Wie gewöhne ich meinem Hund ab, am Tisch zu betteln?

Die unangenehme Angewohnheit des Hundes, am Tisch nach Essbarem zu betteln, lässt sich zum Glück recht leicht wieder in den Griff bekommen: Er darf keinen Erfolg mehr dabei haben. Auch ein Alternativverhalten anzubieten, während Sie am Tisch essen, kann helfen.

Erlerntes Verhalten

Die meisten Hunde betteln am Tisch, weil sie damit früher schon einmal Erfolg hatten. Der Vierbeiner hat also gelernt: Betteln lohnt sich! Um ihn nun vom Gegenteil zu überzeugen, sind viele, viele Abendessen ohne Erfolg für den Hund nötig. Zu Beginn ist es dabei sogar möglich, dass er zunächst einmal noch aktiver bettelt, weil er den eventuell plötzlichen Abbruch des Erfolges nicht versteht und dagegen vorgeht. Doch nach genügend Wiederholungen ohne Bettelerfolg wird der Hund gelernt haben: Betteln lohnt sich doch nicht!

Übrigens empfinden es manche Hunde bereits als Bestätigung, wenn Sie während des Essens angeschaut oder angesprochen werden. Konzentrieren Sie sich also lieber auf sich und Ihre Tischpartner und beachten Sie Ihren Hund während des Essens nicht. So lernt er, dass er von Ihnen in dieser Zeit nichts zu erwarten hat, und es fällt ihm leichter, sich z. B. auf seiner Decke zu entspannen.

Eine unterstützende Maßnahme kann es sein, den Hund während des Essens mit etwas anderem zu beschäftigen: Idealerweise liegt er dabei auf einem weit genug entfernten Platz und ist zum Beispiel mit einem Kauspielzeug beschäftigt.

Links: *Die meisten Hunde hatten beim Betteln bereits einmal Erfolg.*
Rechts: *Ein fester Platz während des Essens kann dem Betteln vorbeugen.*

Wenn mein Hund Menschen durchs Fenster sieht, bellt er

03

Wenn Ihr Hund durch das Fenster Menschen anbellt, dann kann das mehrere Gründe haben: Langeweile, territoriales Verhalten oder Stress. Für alle Gründe gilt: Erschweren Sie Ihrem Hund die Sicht auf die Menschen und fangen Sie dann mit dem Training an.

Erste Hilfe

Das Bellen ist nicht nur laut und nervig, auch Ihrem Hund geht es wahrscheinlich nicht gut – er fühlt sich entweder in Gefahr oder er hat Stress. Daher ist es besonders wichtig, das Anbellen von Menschen durch die Fensterscheibe zu verhindern und der Ursache entsprechend die richtigen Maßnahmen zu treffen.

Als Erste-Hilfe-Mittel ist hier zum Beispiel das Anbringen von halbdurchsichtiger Dekorfolie an die betreffenden Fenster zu empfehlen. Dadurch sieht der Hund den auslösenden Reiz nicht mehr, es kommt aber noch genug Licht rein und die Folie kann später problemlos wieder entfernt werden. Auch Vorhänge können helfen, den Hund vor den betreffenden Reizen zu schützen.

Ursachenforschung

Sobald diese Vorkehrungen getroffen wurden, setzen Sie sich einmal mit den möglichen Gründen für das Verhalten Ihres Hundes auseinander. Verteidigt Ihr Hund sein Territorium gegen die draußen vorbeilaufenden Menschen? Oder ist Ihr Hund einfach sehr gestresst? Bei der Klärung kann Ihnen auch ein erfahrener Hundetrainer helfen.

Bellen aus Langeweile

Hunde, die aus Langeweile bellen, sind recht einfach davon abzuhalten. Sie können durch alternative Beschäftigungsmöglichkeiten wie etwa Schnüffelaufgaben oder Kaustangen so ausgelastet werden, dass sie keine Notwendigkeit mehr verspüren, aus Langeweile nach draußen zu bellen. Aber Achtung: Es kann sein, dass Sie das Bellen die ersten paar Male abbrechen und dem Hund dann ein Alternativverhalten aufzeigen müssen. Denn wenn das

Bellen kann auch ein Zeichen dafür sein, dass es dem Hund nicht gut geht.

Bellen abgebrochen wird, macht es nicht mehr so viel Spaß und Ihr Vierbeiner nimmt von vornherein doch lieber den Kauknochen, um sich die Langeweile zu vertreiben.

Mein Haus, mein Garten, mein Revier!

Territorial motivierte Hunde haben eine intrinsische Motivation, sprich, von innen heraus haben sie das Bedürfnis, Haus und Hof zu verteidigen. Hier hilft es, dem Hund einen ruhigen Platz zuzuweisen, sodass er gar nicht mehr in Versuchung kommt, Menschen draußen anzubellen. An diesem ruhigen Fleckchen, das zum Beispiel in einer Ecke des Schlafzimmers oder einem abgetrennten Bereich liegt, legen Sie Ihrer Fellnase eine bequeme Decke bereit. Ihr Hund sollte die Decke positiv kennenlernen und sich gerne dort aufhalten. Sieht er draußen andere Hunde und bellt, so schicken Sie ihn mit freundlicher Stimme auf seinen neuen Platz.

Sehr gestresste Hunde bellen hingegen, um ihre Anspannung abzubauen. Hier helfen Beschäftigungsmöglichkeiten, die dem Stressabbau dienen. Besonders gut funktioniert ein Kong. Aus diesem muss der Hund den Inhalt rauslecken und Schlecken hat auf Hunde eine beruhigende Wirkung. Zusätzlich sollte man jedoch unbedingt abklären, was die Ursache für den Stress ist und welche Vorkehrungen getroffen werden können!

Schritt 1 Überlegen Sie sich, welches Alternativverhalten Ihr Hund zeigen soll. Idealerweise ist dieses nicht mit dem bisher gezeigten unerwünschten Verhalten vereinbar. Bellt Ihr Hund also Menschen am Fenster an, so bietet es sich an, als alternatives Verhalten vom Hund zu fordern, dass er sich auf seinen Platz im Wohnzimmer legt, wo er die Menschen nicht mehr sehen kann.

Schritt 2 Üben Sie das Verhalten erst einmal in reizarmer Umgebung, bis es sicher sitzt. Achten Sie darauf, dass Sie in der Übung zunächst ungestört sind und Ihr Hund sich ganz auf die Übung konzentrieren kann. Erhöhen Sie dann den Ablenkungsgrad so lange, bis Ihr Hund das Verhalten auch bei Ablenkung sicher zeigen kann.

Schritt 3 Sobald Sie sich sicher sind, dass Ihr Hund das Verhalten sehr gut beherrscht, können Sie es auch in der jeweiligen problematischen Situation fordern. Ganz wichtig: Freuen Sie sich wie ein Schneekönig, wenn Ihr Vierbeiner nun tatsächlich das unerwünschte Verhalten aufhört und stattdessen das Alternativverhalten zeigt!

Falls Ihr Hund im Ernstfall das Alternativverhalten nun doch nicht zeigt, so ist das Signal anscheinend noch nicht gut genug verankert oder der ablenkende Reiz ist zu hoch. Üben Sie in dem Fall noch weiter mit einer weniger starken Ablenkung und festigen Sie damit das Verhalten schrittweise.

Alternativverhalten

Ein Alternativverhalten soll als Alternative zu dem bisher gezeigten unerwünschten Verhalten dienen. Hier können Sie ganz kreativ werden. Wie Sie ein gutes Alternativverhalten finden und dies mit Ihrem Hund trainieren, finden Sie hier:

Oben: *Ein gutes Alternativverhalten ist mit dem unerwünschten Verhalten nicht vereinbar.*
Unten links: *Üben Sie das Alternativverhalten zunächst ohne Ablenkung.*
Unten rechts: *Beherrscht Ihr Hund das Alternativverhalten sehr gut, können Sie es in der problematischen Situation fordern.*

04 Was, wenn der Hund in die Wohnung macht?

Welpen kommen nicht stubenrein auf die Welt und müssen das richtige Verhalten deshalb erst einmal trainieren. Hier gibt es einiges zu beachten. Doch auch bei erwachsenen Hunden kann das Problem auf einmal wieder auftreten. Hier hilft möglicherweise ein Gang zum Tierarzt.

Welpen

Wenn der Welpe einfach nicht stubenrein werden will, verzweifeln viel Hundehalter und fragen sich, woran es liegen könnte. Welpen fangen erst mit circa 8 Wochen an, ihre Blase bewusst kontrollieren zu können, und erst mit etwa 20 Wochen bekommen sie ein besseres Gefühl dafür. Bis dahin sollten Sie sich also noch keine Sorgen machen. Sollte Ihr Welpe mit etwa einem halben Jahr immer noch in die Wohnung urinieren, so suchen Sie zur Abklärung einen Tierarzt oder Heilpraktiker auf, um auszuschließen, dass Ihr Hund gesundheitliche Probleme mit der Blase hat. Doch auch wenn Ihr Welpe gesund ist, kann es sein, dass er weiterhin in die Wohnung »pieselt«. Beobachten Sie genau, wo er hinmacht. Hat er sich eine Ecke ausgesucht? Dann machen Sie diese etwa durch ein Kamingitter für den Welpen unzugänglich. Macht er immer auf den Teppich?

Links: *Stubenreinheit müssen Welpen erst lernen.*
Rechts: *Hat ein erwachsener Hund Probleme mit der Stubenreinheit, gehen Sie wieder öfter mit ihm nach draußen.*

Dann hat er vielleicht diesen Untergrund als »geeignet« zum Urinieren auserkoren. Räumen Sie den Teppich weg und Sie werden sehen, dass Ihr Hund sich fortan bei Ihnen meldet, wenn er mal rausmuss.

Training

Welpen Das Stubenreinheitstraining bei Welpen ist eigentlich ganz einfach und kann direkt beginnen, sobald Ihr Welpe bei Ihnen zu Hause ankommt. Ihr Ziel ist natürlich, dass Ihr Welpe sein Geschäft nur draußen verrichtet. Dafür brauchen Sie Geduld. Die Blase Ihres Welpen entleert sich aus einem von zwei Gründen: entweder, weil sie zu voll ist, oder weil sie etwas gefüllt ist und sich gerade die Gelegenheit bietet. Wenn die Blase zu voll ist, entleert sie sich mehr oder weniger automatisch, egal, wo sich Ihr Welpe befindet. Sorgen Sie also am besten dafür, dass das nicht passiert, indem Sie ihn mindestens alle zwei Stunden nach draußen tragen und ihm dort die Gelegenheit geben, die halbwegs gefüllte Blase zu leeren. Achten Sie dabei darauf, dass Sie Ihren Welpen an einen ruhigen Ort bringen. Ist es draußen zu spannend für den Kleinen, »vergisst« er womöglich, dass er Pipi muss.

Auch direkt nach dem Schlafen, nach dem Fressen und nach dem Trinken sollten Sie Ihren Welpen unbedingt rausbringen, um ein Malheur zu vermeiden. Und nicht vergessen: Wenn Ihr Welpe dann draußen sein Geschäft verrichtet, freuen Sie sich, als hätte er gerade eine Goldmedaille gewonnen! Das ist zwar nicht immer einfach – vor allem nicht nachts um zwei Uhr morgens. Aber es ist besser, als um diese Zeit eine Pfütze aufwischen zu müssen.

Senioren Wenn alte Hunde auf einmal wieder anfangen, in die Wohnung zu urinieren, dann ist das meistens dem Alter oder zu großer Aufregung geschuldet. Auch erwachsene Hunde können bei hoher Erregung (Freude, Angst) ihre Blase nicht mehr ganz kontrollieren. Bestrafen Sie Ihren Hund also nicht dafür! Überlegen Sie stattdessen, in welchen Situationen Ihr Hund in die Wohnung uriniert und wie Sie dann ein ruhigeres Umfeld für ihn gestalten können. Pinkelt Ihr Hund zum Beispiel immer dann, wenn Besuch kommt, so tut er das wahrscheinlich, weil er sich so sehr freut. Weisen Sie Ihrem Hund in diesem Fall einen ruhigen Platz zu und lassen Sie ihn erst zum Besuch gehen, wenn dieser angekommen ist. So ist es nicht mehr ganz so aufregend für Ihren Hund.

Auslandshunde Ein besonderer Fall sind Hunde aus dem Tierschutz. Einige von ihnen haben bis ins Erwachsenenalter keine Erfahrung mit Stubenreinheit gemacht, zum Beispiel weil sie nie im Haus gelebt haben. Daher kann bei ihnen das Training etwas länger dauern.

Generell funktioniert das Training aber genau wie bei einem Welpen. Mit einer Ausnahme: Hunde, die zum Beispiel in einem Zwinger mit Fliesen gelebt haben, werden mit großer Wahrscheinlichkeit besonders gerne in geflieste Räume urinieren. Beschränken Sie hier also den Zugang für Ihren Hund, bis das Training abgeschlossen ist.

Pipi auf Signal – Es kann sich lohnen, dem Hund ein Signal für das Absetzen von Urin beizubringen. Hier sagen Sie immer kurz, bevor Ihr Hund tatsächlich uriniert, Ihr gewähltes Signal, z.B. »Pipi«, und loben danach Ihren Hund unbändig. Nach einigen Wiederholungen sollte dies dazu führen, dass Ihr Hund das Signal »Pipi« kennt und daraufhin uriniert.

05 Mein Hund gräbt den Garten um

Das Buddeln im Garten kann unterschiedliche Gründe haben: Langeweile, Aufregung oder die Suche nach einem kühlen Plätzchen. Je nach Motivation gibt es unterschiedliche Lösungen, wie eine Buddelkiste oder eine Kühlmatte.

Den Grund ermitteln

Was auch immer Ihren Hund dazu bewegt, den Garten umzubuddeln: Er macht es sicher nicht grundlos. Überlegen Sie sich also, was der Grund für die Umbauaktionen Ihres Hundes sein könnte. Je nach dem Ursprung des Verhaltens gibt es verschiedene Gegenmaßnahmen.

Viele Hunde graben gerne Löcher im Garten.

Lösungsansätze

Ihr Hund buddelt, weil ihm langweilig ist? Oder er ist im Garten auf der Suche nach Beutetieren? Dann bieten Sie ihm eine alternative Beschäftigungsmöglichkeit, zum Beispiel eine Buddelkiste, an, in der er seine Bedürfnisse voll ausleben kann, ohne den Garten komplett zu zerstören. Auch können Sie dem Hund einen eigenen »erlaubten« Bereich des Gartens abtrennen, in dem er schalten und walten kann, wie er will. Beobachten Sie Ihren Hund: Immer, wenn er an einer unerlaubten Stelle zu buddeln beginnen möchte, führen Sie ihn stattdessen zu der Buddelkiste oder dem nun erlaubten Stück des Gartens. Ermuntern Sie Ihren Hund dann, dort zu graben.

Ihr Hund buddelt, weil er übermäßig Stress hat? Dann ist das Graben eine sogenannte Übersprungshandlung. Viele Hunde werden von Außenreizen wie vorbeifahrenden Autos oder spielenden Kindern so gestresst, dass sie ihre Anspannung mit körperlicher Aktivität abbauen. Buddeln ist dabei ganz besonders beliebt. Sollte das bei Ihrem Hund der Fall sein, versuchen Sie, den Stress Ihres Hundes zu reduzieren. Halten Sie ihn von den Dingen, die ihn im Garten stressen, fern. Aber auch das Kauen auf Kauknochen oder Ähnlichem ist eine gute Möglichkeit, da die Kaubewegung dem Hund hilft Stress loszuwerden.

Ihr Hund will Knochen und Kauknochen vergraben? Viele Hunde lagern ihre übrig gebliebenen Knochen oder ihre noch zu harten Kauknochen gerne in der Erde, weil sie hier frisch bleiben und durch die Feuchtigkeit eventuell etwas weicher werden. Ist das bei Ihrem Vierbeiner der Fall, so weisen Sie ihm ein Stück Garten zu, in dem ihm das Vergraben erlaubt ist. Sehen Sie, dass Ihr Hund etwas vergraben möchte, nehmen Sie den Knochen und bringen ihn in das erlaubte Gartenstück. Ermuntern Sie Ihren Hund, hier den Knochen einzugraben. Falls Sie ihm das Verhalten ganz abtrainieren möchten, so achten Sie darauf, Ihrem Tier nur noch drinnen Knochen und Ähnliches zu füttern.

Ihr Hund will Aufmerksamkeit? Einige Fellnasen zeigen bestimmte Verhaltensweisen, um von ihrem Halter oder den Familienmitgliedern Aufmerksamkeit zu erhalten. Das kann positive und negative Aufmerksamkeit sein. Falls Ihr Vierbeiner zu dieser Sorte Hund gehört, so trainieren Sie mit ihm ein Alternativverhalten. So lernt er zum Beispiel, immer, wenn er Aufmerksamkeit haben will, ein bestimmtes Spielzeug zu Ihnen zu bringen, statt den Garten umzugraben. Damit das funktioniert, ist übrigens eines ganz wichtig: Schimpfen Sie Ihren Hund nicht aus, wenn er wieder einmal ein Loch gebuddelt hat, denn dadurch bekommt der Hund genau das, was er erreichen wollte: Ihre ungeteilte Aufmerksamkeit.

Es ist Sommer und Ihr Hund gräbt sich kühle Kuhlen? Dann ist ihm vermutlich zu warm. Geben Sie ihm die Möglichkeit, sich abzukühlen. Das geht zum Beispiel mit einem kleinen Pool aus Plastik, einem Kühlhalsband oder einer Kühlmatte. Ganz wichtig: immer ausreichend Wasser zur Verfügung stellen – gerne auch mit Joghurt gemixt und gefroren! Ganz wasserverliebte Hunde wie zum Beispiel Labrador Retriever freuen sich auch über einen Rasensprenger oder eine kühle Dusche aus dem Gartenschlauch.

Wer das Verhalten ganz unterbinden will, der sollte eine alternative Beschäftigungsmöglichkeit in Betracht ziehen. Zum Beispiel gibt es Kongs, kleine Zylinder aus Hartgummi, die mit Futter gefüllt werden. Auch könnten Sie Leckerchen im Garten verstreuen und Ihren Hund diese erschnüffeln lassen. Das befriedigt das Bedürfnis Ihres Hundes, seine Nase zu benutzen, und lastet ihn geistig aus.

Manche Hunde buddeln, um sich in den Kuhlen abzukühlen. Bieten Sie Ihrem Hund eine geeignete Möglichkeit, sich zu erfrischen!

06 Beim Spazierengehen läuft mein Hund öfter weg, um Wild zu verfolgen

Das Jagen von Wild ist bei Hunden ein natürlicher Verhalten. Je nach Rasse gibt es verschiedene Auslöser für das Jagdverhalten. In jedem Fall sollten jagende Hunde mit einer Schleppleine gesichert werden.

Erste Hilfe

Der Hund stammt vom Jäger Wolf ab. So kommt es, dass auch unsere Hunde noch Jagdverhalten zeigen, auch wenn sie sich gar kein Futter mehr fangen müssten. Die Natur hat es eben so eingerichtet, dass Jagen sowohl Wölfen als auch Hunden einfach Spaß macht – man sagt auch, das Verhalten ist selbstbelohnend. Deshalb ist es so schwer, Hunden das Jagen abzugewöhnen, und ein reines Verbieten oder Schimpfen ist in der Regel aussichtslos. Das Jagdverhalten sollte vielmehr im Rahmen eines Anti-Jagd-Trainings umgelenkt und kontrollierbar gemacht werden.

Jagen liegt Hunden im Blut.

Was also können Sie tun, damit Ihr Hund sein Verhalten ändert? Für den Anfang: Leinen Sie ihn mit einer normalen Führleine oder einer Schleppleine an und lassen Sie ihn dort, wo er normalerweise jagen geht, nicht mehr frei laufen. Dadurch wird dem Hund die Gelegenheit genommen und somit wird er weniger Erfolgserlebnisse haben, die ihm die Jagd noch attraktiver erscheinen lassen. Sollte Ihr Vierbeiner doch entwischen, rufen Sie ihn nicht mehrfach zurück. Kommt er nämlich nicht nach dem ersten Mal, ist ein weiteres Rufen nicht mehr sinnvoll. Bleiben Sie möglichst an der Stelle stehen, an der er weggelaufen ist. Die meisten Hunde kommen wieder dorthin zurück.

Schimpfen Sie Ihren Hund außerdem nicht aus, wenn er wieder zu Ihnen kommt. Er bringt dieses Tadeln nicht mehr mit der Jagd, also dem eigentlichen Fehlverhalten, in Zusammenhang. Stattdessen sollten Sie Ihren Hund dafür loben, dass er wieder zu Ihnen zurückgekommen ist. Danach allerdings sollten Sie ihn erst einmal wieder an die Leine nehmen. Wenn Sie diese »Erste-Hilfe-Maßnahmen« getroffen haben und befolgen, kann das Training beginnen.

Trainingsmöglichkeiten

Je nachdem, auf welchen Auslöser Ihr Hund mit Vorliebe reagiert, sind unterschiedliche Trainingsmethoden sinnvoll. Für die Hunde, die sich auf ihre Nase verlassen und Spuren suchen, ist es empfehlenswert, ihnen anzutrainieren, die gefundenen Spuren anzuzeigen, anstatt sie zu verfolgen. Dadurch wird der Moment, in dem der Hund zwar die Spur erkannt hat, aber noch nicht verfolgt, verlängert, sodass Sie besser eingreifen können – sei es durch das Anleinen des Hundes oder durch eine Ablenkung mit anderen interessanten Aufgaben.

Bei vielen Hunden bietet es sich dabei an, das Heben eines Vorderfußes – das sogenannte Vorstehen – als Anzeige zu nutzen. Das machen viele Hunde automatisch, sobald sie die Witterung aufgenommen haben. Wenn Sie das Vorstehen nun immer wieder bestätigen, dann zeigen Sie dem Hund damit, dass dieses Verhalten erwünscht ist.

Bei Hunden, die einem sich bewegenden Reiz hinterherrennen, liegt der Spaß der Jagd vor allem im Verfolgen der potenziellen Beute. Diesen Anreiz können Sie sich zunutze machen und dem Hund ein Alternativverhalten antrainieren, wie »Sitz« oder »Platz«. Wichtig dabei: Die Belohnung für das gezeigte Alternativverhalten muss mindestens genauso toll sein wie das Gefühl, das das Jagen des Wildes beim Hund auslöst. Welche Belohnung das ist, ist je nach Hund unterschiedlich. Viele Hunde lassen sich mit einem ganz besonderen Leckerchen zufriedenstellen, andere spielen lieber mit einem Felldummy.

Die richtige Belohnung finden

Eine der wichtigsten Komponenten beim Anti-Jagd-Training ist es, die richtige Belohnung für Ihren Hund zu finden. Manche Hunde tun alles für eine Handvoll Käse, während andere für den Frisbee auch einmal den Hasen stehen lassen. Aber nicht nur die »Klassiker« wie Futter oder Spielzeug können als Belohnung dienen: Auch ein Rennspiel mit dem Hund oder die Erlaubnis, ausgiebig die Rehspur zu beschnüffeln, kann als Belohnung eingesetzt werden. Seien Sie kreativ und probieren Sie aus! Übrigens kann die »richtige« Belohnung auch situationsabhängig sein: Stellen Sie sich vor, es ist ein warmer Sommertag und man verspricht Ihnen als Dankeschön für einen Gefallen eine heiße Tasse Kakao. Obwohl Sie Kakao mögen, wäre Ihnen ein Eis an diesem Tag bestimmt lieber, oder? Die Umstände bestimmen also mit, was gerade als gute Belohnung empfunden wird. Finden Sie deshalb nicht nur heraus, *was* Ihr Hund mag, sondern auch, *wann* er es mag. Eine Liste mit einer Belohnungshierarchie für verschiedene Situationen kann dabei helfen.

Beim Anti-Jagd-Training ist die richtige Belohnung für ein Alternativverhalten wichtig.

07 Draußen wälzt sich mein Hund in Stinkezeug

Viele Hunde lieben es, sich in Exkrementen zu wälzen, weil sie sich – so besagt es die Theorie – durch den Geruch interessanter machen. Um das zu verhindern, können Sie Ihrem Hund alternative Verhaltensweisen anbieten. Auch eine Schleppleine kann helfen.

Ursache

Die erste Theorie, warum sich Hunde gerne in stinkenden Sachen wie Kot und Kadavern wälzen, basiert auf der Tatsache, dass der Hund vom Jäger Wolf abstammt. Nach dieser Theorie hätten Wölfe mehr Jagderfolg, wenn sie sich in Exkrementen von Beutetieren wälzen, da sie so ihren Eigengeruch übertönen können und von potenziellen Beutetieren nicht gleich wahrgenommen werden.

Für uns widerlich, für den Hund eine Art Parfüm.

Die zweite Theorie ist weniger spannend, wird aber von Fachleuten mittlerweile für wahrscheinlicher gehalten. Demnach wälzen sich Hunde wohl nicht in Stinkezeug, um ihren eigenen Geruch zu übertönen, sondern einfach um interessant zu riechen. Außerdem macht ihnen das Wälzen schlichtweg Spaß.

Training

Sie können dieses Verhalten einfach unterbrechen, indem Sie am besten ein anderes anbieten, zum Beispiel das Suchen von Leckerchen. Dabei ist es wichtig, dass Sie das Verhalten des Hundes schon abbrechen, sobald er Anzeichen dazu zeigt. Ist der Hund schon im Misthaufen, bringt der Abbruch auch nichts mehr, weil der Hund ja nun schon den Erfolg des Wälzens hatte. Auch beim Alternativverhalten ist das Timing wichtig: Sie sollten Ihrem Hund sofort nach dem Abbruch des Fehlverhaltens eine Alternative anbieten, sodass er genau weiß, was er machen kann, und so nicht unnötig gestresst wird. Im besten Fall reicht sogar das Alternativverhalten ohne Abbruch aus.
Damit der Abbruch am Anfang auch klappt, lohnt es sich, den Hund an »gefährlichen« Stellen, also dort, wo öfter Dung liegt, erst einmal an einer Schleppleine vorbeizuführen. Die Schleppleine kann Ihnen dazu dienen, Ihr Tier auch aus der Ferne »unter Kontrolle« zu haben.

Sturmfreie Bude – den Hund alleine lassen

Kann ich meinen Hund generell einfach alleine zu Hause lassen? Oder muss er das erst lernen? Was darf mein Hund tun, wenn ich nicht da bin, was kann passieren? Worauf sollte ich achten?

08 Was kann ich tun, damit mein Hund entspannt alleine bleibt?

Warum manche Hunde nicht alleine bleiben können, kann viele Ursachen haben. Oft erfahren Hundehalter erst durch Nachbarn, dass der Hund alleine unruhig ist. Vielleicht leidet auch das Mobiliar oder der Hund macht in die Wohnung. Hier heißt es nun handeln.

Vorarbeit

Toll ist es, wenn Hunde entspannt alleine bleiben können. Oft gibt es keinen Anlass, dem geliebten Vierbeiner das Alleinsein beizubringen, wenn immer jemand bei ihm ist. Doch unsere Lieblinge begleiten uns viele Jahre lang und Lebenssituationen können sich verändern.

Alleinsein gehört nicht immer zur Königsdisziplin eines Hundes. Unterstützen Sie ihn.

Für Hunde ist von Natur aus ein soziales Miteinander überlebenswichtig. Sie sind sozial organisiert und handeln auch im Sinne der Gemeinschaft. Hundebesitzer ersetzen die natürlichen Rudelmitglieder und werden zu sozialen Bindungspartnern.

Finden Sie zunächst heraus, warum Ihr Hund nicht entspannt bleibt und was er tut, während er zu Hause wartet. Stellen Sie während Ihrer Abwesenheit Videokameras in dem Bereich auf, in denen sich der Hund aufhält. Sie werden zur Deutung des Verhaltens einen Hundetrainer benötigen, der Sie während der Trainingswochen begleitet.

Bis das Training Früchte trägt, bedarf es einer Zwischenlösung. Suchen Sie Hundekitas oder Hundesitter auf (siehe dazu auch Seite 32), sodass Ihr Liebling übergangsweise dort gut untergebracht wird. Entscheidend ist, dass sich Ihr Hund ohne Sie wohlfühlen kann. Sie können als kleine Vorarbeit unabhängig davon herausfinden, bei welchen Schlüsselreizen er bereits reagiert. Wird er schon gestresst, wenn Sie sich Ihre Jacke und Schuhe anziehen oder die Schlüssel anheben? Dann können Sie unabhängig von der Analyse des Trainers damit beginnen, die Reize unattraktiv zu gestalten. Ziehen Sie sich mehrfach pro Tag die Jacke an und verweilen Sie dann in der Wohnung. Fassen Sie öfter den Schlüssel an, um ihn danach wieder wegzuhängen. Ihr Hund lernt, dass die Konsequenz des Weggehens entfällt, und diese Reize lösen bei ihm so keinen Stress mehr aus.

Mein Hund zerkratzt die Ausgänge und Fenster

09

Beschädigt Ihr Hund den Bereich der Haustür und Fensterrahmen oder kratzt er Tapeten und Putz im Bereich der Türen herunter, kann die Ursache eine sogenannte Isolationspanik sein.

Ursachen und Training

Bei Isolationspanik hat der Hund nur ein Ziel: den geschlossenen Bereich zu verlassen und seinen sozialen Bindungspartner, den Menschen, zu suchen. In diesem Fall sollte die Beziehung zwischen Ihnen und Ihrem Hund betrachtet werden. Es gilt zu hinterfragen, ob eine emotionale Abhängigkeit zwischen Hund und Mensch besteht.

Eine weitere mögliche Erklärung, warum der Hund so panisch reagiert, liegt vor, wenn Sie einen Hund aus dem Tierschutz übernommen haben. Ihr Hund lebte vielleicht auf der Straße und auch seine Vorfahren waren möglicherweise schon Straßenhunde. Diese Tiere sind es nicht gewohnt, in ihrem Lebensbereich eingeschlossen zu sein und keinen natürlichen Fluchtweg zu haben. Als Bezugsperson vermitteln Sie dem Tier nun ein Gefühl von Sicherheit, allerdings nicht, wenn Sie nicht in seiner Nähe sind. Experimentieren und Ausprobieren als Trainingsmaßnahmen sollten vermieden werden, da der Hund häufig stark unter dem Alleinsein leidet. Schnelle Abhilfe kann durch einen Hundetrainer geschaffen werden, da er das Problem individuell erläutern kann. Bis das Training aber greift, sollten Sie für eine geeignete Unterbringung sorgen, wenn Sie Ihren Hund nicht mitnehmen können. Wenn Sie etwas erledigen müssen und mit dem Auto unterwegs sind, ist es besser, den Hund dabei mitzunehmen und ihn – wenn er gerne dort ist – kurz alleine im Auto warten zu lassen, anstatt ihn alleine in der Wohnung zurückzulassen.

Die Kunst des Trainings liegt nun darin, Ihre Aufmerksamkeit und Präsenz so kleinschrittig zu entziehen, dass es dem Hund nichts ausmacht und er dabei sogar noch eigene Ideen entwickelt, um sich selbst zu beschäftigen.

Ziehen Sie sich im Training als Bezugsperson nur graduell zurück, wenn der Hund sich sowieso gerade beschäftigt. Beginnt er beispielsweise im Wohnzimmer zu spielen, so drehen Sie sich zunächst nur um und wenden ihm den Rücken zu. Ziel ist es, dass er sich weiter mit dem Spielzeug beschäftigt. Niemals darf die Gabe von Spielzeug o. Ä. mit dem sofortigen Rückzug Ihrer Person verbunden sein. Sie müssen anwesend bleiben. Erst über Wochen (!) ist es sinnvoll, dass Sie sich ganz entfernen.

Aber bei diesem ersten Schritt sollen Ihre Anwesenheit und die Möglichkeit des Folgens noch gegeben sein. Dem Hund wird zunächst nur die Aufmerksamkeit entzogen, weil Sie als Bezugsperson anwesend und körperlich erreichbar sind, aber nicht mit ihm interagieren.

10 Wenn ich meinen Hund alleine lasse, zerstört er die Einrichtung

Kein Hundehalter ist erfreut, wenn er nach Hause kommt und feststellt, dass das Mobiliar Schaden genommen hat. Unterscheiden Sie zunächst, ob geschlossene Fluchtwege betroffen sind oder ob der Hund Gegenstände zerstört.

Ursachen

Wenn der Hund Fluchtwege wie Türen, Fenster und angrenzende Tapeten oder Wände zerkratzt hat, dann könnte die Ursache – eine Videoanalyse ist hier unerlässlich – wirkliche Panik sein. In diesem Fall müssen wir anders vorgehen, als wenn beispielsweise nur Langeweile der Grund für das Verhalten ist. Letzteres trifft vermutlich zu, wenn Ihr Hund Dinge wie Sofakissen oder andere Einrichtungsgegenstände zerstört hat. Bei Langeweile können Sie die Energie des Hundes umlenken und Ihre Gegenstände schützen.

Bei einer wirklichen Panik (siehe dazu Seite 25) benötigen Sie unbedingt professionelle Hilfe.

Den Hund auslasten

Lasten Sie Ihren Hund aus, bevor Sie das Haus verlassen. Spaziergänge vor dem Alleinelassen sind ein erster guter Schritt. Weiterhin können Sie Ihren Hund auch kognitiv auslasten. Such- und Schnüffelspiele lassen sich hervorragend in einen Spaziergang integrieren. Eine kleine Einführung in den Bereich der Nasenarbeit lohnt sich also. Sie haben sehr viele Möglichkeiten, Ihren Hund unkompliziert auszulasten. Probieren Sie es aus und sagen Sie der Langeweile den Kampf an.

Die erste Übung wäre es, die Anzeige zu trainieren. Ihr Hund muss Ihnen also ein bestimmtes Verhalten zeigen, sodass Sie erkennen können, wenn er etwas gefunden hat. Wünschen Sie sich, dass Ihr Hund durch Hinsetzen das Gefundene anzeigt, so können Sie folgendermaßen üben:

Eine Dose wird mit Leckerchen präpariert und fest verschlossen. Der Hund soll die Wurst riechen, aber von allein nicht daran kommen. Die Dose legen Sie vor sich auf den Boden. Angelockt durch den Geruch, wird der Hund in Rich-

Der Kong – Nutzen Sie auch einen Kong als Alternative zum Kauen gegen die Langeweile. Der Kong ist ein hohles Spielzeug aus Hartgummi. Sie bekommen ihn in unterschiedlichen Größen, Stärken und Farben. Die ausdauernde Beschäftigung des Kauens und Leckens entspannt Ihren Hund. Das spielt Ihnen natürlich in die Karten, denn einem entspannten Hund wird nicht so schnell langweilig.

tung Dose gehen. Ist er nah genug daran und berührt er etwa mit der Nase den Gegenstand, sagen Sie »Sitz«. Setzt er sich, dann loben Sie ihn, öffnen die Dose und geben ihm ein Leckerchen daraus.

Wiederholen Sie diese Übung die ersten Tage einige Mal, pausieren Sie dann und versuchen Sie es später erneut. Durch Wiederholungen lernt der Hund schnell, dass er sich erst setzen muss, sobald er an der Dose ankommt, bevor es ein Leckerchen für ihn gibt. Er wird sich in Zukunft auch ohne Ihre Aufforderung bei Sichtung der Dose setzen.

Haben Sie diesen Schritt erarbeitet, so vergrößern Sie den Abstand zwischen Hund und Dose. Setzt er später gezielt seine Nase ein, um die Dose zu finden, werden Sie merken, dass ihn diese Aufgabe schnell zufriedenstellt.

Neben all dem Training hilft aber auch reine Vorsorge: Wenn Sie wissen, dass Ihr Hund schnell in Versuchung gerät, sobald er alleine ist, räumen Sie lose Gegenstände am besten vorher aus seiner Reichweite.

Links: *Schnüffeln lastet den Hund schnell kognitiv aus.*
Rechts: *Fleißig bei der Arbeit, wird er sich nicht ablenken lassen.*

Mein Hund pinkelt in die Wohnung, wenn er alleine ist

Wenn Ihr Hund Pfützen in der Wohnung hinterlässt, sobald er alleine ist, dann leidet er möglicherweise unter Stress und reagiert entsprechend. Finden Sie heraus, was die Ursache für sein Unwohlsein ist, und treffen Sie entsprechende Maßnahmen.

Ist der Hund eigentlich stubenrein und macht plötzlich wieder in die Wohnung? Zunächst sollten Sie Schmerzen oder eine Blasen- oder Nierenentzündung ausschließen (siehe dazu auch Seite 16). Überprüfen Sie, ob der Hund einfach zu lange alleine war und es nicht halten konnte. Das ist bei jungen Hunden im ersten Lebensjahr öfter mal der Fall. Hier müsste Abhilfe geschaffen werden, sodass der Hund nicht zu lange alleine bleibt. Vielleicht kann ein Bekannter den Hund zwischendurch rauslassen.

Reaktion – Ein Hund hat vier Möglichkeiten, auf Stress zu reagieren, genauso wie unser menschlicher Organismus auch. Dazu gehören:

- Angriff
- Flucht
- Übersprungshandlungen – der Hund zeigt ein Verhalten, das gar nicht in den aktuellen Kontext passt
- Erstarren.

Ist der Hund allein und erleidet zu starken Stress, so kann er seinem Impuls zu fliehen nicht folgen, weil die Türen verschlossen sind. Dennoch stellt sich der Körper darauf ein, handeln zu können.

Beispiel 1 – Stress

Angenommen, der Hund hat den gesamten Wohnbereich zur Verfügung, während er alleine ist. Für manchen Vierbeiner kann das bedeuten, dass sie sich mit dem Überlassen der Räumlichkeiten überfordert fühlen. Typisch ist, dass sie unruhig umherlaufen und nicht zur Ruhe kommen. Für uns Menschen klingt das erst einmal paradox, sind wir doch über mehr Raum eher froh. Der Hund aber erfreut sich an Übersichtlichkeit. Je nach Persönlichkeit und Rasse kann zu viel Platz zu enormem Stressempfinden führen.

Lösung Der Hund bekommt nur noch den Raum zur Verfügung, in dem er sich besonders wohlfühlt und gerne entspannt. Durch die Verkleinerung der Fläche hat der Hund einen angenehmen Überblick und läuft keine Patrouille mehr. Legen Sie einen Kauknochen oder einen gefüllten Kong in seine Nähe, dann ist er für eine Weile beschäftigt. Kaubewegungen bauen Stress ab und die Leckerchen schmecken ja auch.

Beispiel 2 – Panik

Ihr Hund erleidet Isolationspanik, weil er von Ihnen getrennt ist. Er steht so stark unter Stress, dass der Körper nun reagiert, und versucht, wieder Ruhe in den Organismus zu bringen. Dazu stellt sich der Organismus auf Flucht oder Angriff ein.

In beiden Fällen müsste er sich bewegen und das geht am besten ohne überflüssigen Ballast. So scheidet der Körper alles aus, was gerade nicht benötigt wird.

Zu erkennen ist dann häufig auch die sogenannte Spontanschuppung, wenn überschüssige Hautschuppen von jetzt auf gleich auf dem Fell zu erkennen sind. Auch zu Durchfall, Urinabgang und Erbrechen kann es bei Isolationspanik kommen.

Finden Sie Kot und Urinabsätze, meist vor den Türen, aber auch an anderen Stellen in der Wohnung, so spricht sehr vieles für einen hohen Stresspegel. Dieser muss dem Hund unbedingt genommen werden.

An dieser Stelle hilft Ihnen nur ein Hundetrainer weiter, der mit dem Bereich Trennungsstress vertraut ist. Sorgen Sie schnell für Abhilfe, denn Ihr Hund leidet extrem.

Links: *Nervöses Auf-und-ab-Laufen ist häufig bei Hunden zu erkennen, die nicht gerne alleine sind.*

Rechts: *Wenn Ihr Hund sich plötzlich zu kratzen beginnt, kann es ein Stressanzeichen sein.*

12 Mein Hund jault und bellt die ganze Zeit

Vielleicht hat Ihr Nachbar Sie darauf angesprochen, dass Ihr Hund während Ihrer Abwesenheit jault und bellt. Wie immer im Hundetraining kann das Problem mehrere Gründe haben.

Der Tonfall sagt viel aus

Hinter dem unruhigen Verhalten Ihres Tieres können sich unterschiedliche Stimmungen verbergen. Ist das Bellen eher monoton, ohne dass man Höhen und Tiefen oder großartige Veränderungen in der Intensität wahrnehmen kann, könnte das ein Hinweis auf Langeweile sein. Auch wären dann Pausen zwischen den Lautäußerungen zu hören. Steigert sich der Hund jedoch zunehmend in das Verhalten hin ein und hört es sich teilweise »panisch« an, so liegt der Grund dafür tendenziell eher in stärkerem Stress. Ihr Hund leidet wirklich, weil Sie nicht da sind.

Legen Sie während Ihrer Abwesenheit am besten ein Tonaufnahmegerät in Ihre Wohnung. Die Aufnahme könnten Sie später auch einem Hundetrainer vorspielen. Außerdem geben die Zeiten, also wann der Hund bellt, fiept und jault, Aufschluss über seine Intention.

Wenn Sie ausschließen wollen, dass Ihrem Vierbeiner einfach langweilig ist, dann probieren Sie im ersten Schritt Folgendes aus:

- Lasten Sie Ihren Hund, bevor Sie weggehen, aus, körperlich und kognitiv.
- Legen Sie ihm etwas hin, was er zur Auslastung während Ihrer Abwesenheit nutzen kann, Kauartikel etwa sind prima geeignet.
- Bei der Rückkehr treten Sie nicht angespannt in die Wohnung ein, wenn Ihr Hund vokalisiert. Denn in diesem Moment würde er sich in seinem Verhalten bestätigt fühlen.
- Warten Sie, bis er ruhig ist und Sie entspannt sind. Beachten Sie ihn beim Eintritt in die Wohnung erst, wenn Sie Ihre Jacke ausgezogen, Schlüssel und Taschen sortiert haben.

Sinnvoll sind mehrere Wiederholungen des Trainings über den Tag verteilt, und zwar in den nächsten Wochen. Verändert sich durch die Übung nichts, so empfehlen wir Ihnen hier einen Hundetrainer, da im Fall einer Panik nicht experimentiert werden sollte. Bitten Sie auch Ihre Nachbarn um Verständnis und erklären Sie den Trainingsschritt.

Auf den ersten Blick gar nicht so leicht zu erkennen, ob Ihrem Hund langweilig ist oder er Sie wirklich vermisst.

Alleine fühlt sich mein Hund nicht wohl. Würde ein Zweithund helfen?

13

In der Tat ist es nicht so leicht, dass man einfach einen zweiten Hund dazunimmt und der Trennungsstress ist vom Tisch. Denn es kommt ganz individuell auf die jeweiligen Vierbeiner, die Hundehalter und das häusliche Umfeld an.

Trennungsstress

Leidet Ihr Hund unter trennungsbedingtem Stress, kann das verschiedene Gründe haben. Unsicherheit und äußere Einflüsse können Auslöser sein. Langeweile etwa führt zu Unterforderung und kann so Frustration auslösen. Auch kann Stress anerzogen sein, wenn auch unbewusst. So wird unerwünschtes Verhalten wie zum Beispiel Kratzen an der Türe verstärkt, wenn Sie sich Ihrem Hund in diesem Augenblick zuwenden und ihm so Aufmerksamkeit schenken.

Unabhängig davon müssen Sie einen Blick auf den Charakter des Hundes werfen. Ist Ihr Vierbeiner unsicher, so würde es ihm natürlich helfen, sich in der Situation ohne Sie an einem anderen Hund zu orientieren. Hier ist aber nur ein Zweithund geeignet, der sich grundsätzlich auch alleine sicher fühlt. Denn ein sicherer Hund in Ihrer Nähe ist nicht zwangsläufig ein sicherer Hund ohne Sie. Im schlimmsten Fall sitzen dann zwei Lieblinge alleine zu Hause und fühlen sich nicht wohl.

Ursache Angst

Hat ein Hund Angst, trägt ein zweiter, sicherer Hund nicht unbedingt zur Entspannung seines Artgenossen bei. Bei Angst verhält es sich nämlich so, dass der Auslöser des Gefühls nicht zwangsläufig bekannt ist. Das bedeutet, der Hund hat keine Ahnung, vor wem oder was er Angst hat.

Sie merken vielleicht schon, die Entscheidung für einen Zweithund kann so leicht nicht getroffen werden. Was Ihnen aber helfen könnte, wäre ein kleiner Test. Vielleicht haben Sie einen Hund in Ihrem Bekanntenkreis, mit dem Ihr Vierbeiner gerne spielt. Sind sich die beiden sympathisch, können sie für eine Weile allein in Ihrer Wohnung gelassen werden. Stellen Sie eine Videokamera auf und filmen Sie, was in Ihrer Abwesenheit geschieht. Wenn Ihr Hund sich ablenken lässt und mehr Freude an seinem Kumpel als Trauer über Ihre Abwesenheit hat, sollten Sie darüber nachdenken, einen Zweithund mit sehr ähnlichen Charaktereigenschaften anzuschaffen. Dazu gehören natürlich viele weitere Kriterien, wie die innere Stärke eines Hundes. Sie müssen den zweiten Hund in jedem Fall genau analysieren können.

Diesen Prozess der Einschätzung und Auswahl könnte ein Fachmann oder eine Fachfrau begleiten. Es kann gut sein, dass es längere Zeit erfordert, bis Sie den passenden Hund gefunden haben.

14 Wie gewöhne ich meinen Hund an eine Pension oder einen Hundesitter?

Urlaub ist die schönste Jahreszeit! Doch nicht immer kann man das geliebte Tier mitnehmen. Planen Sie rechtzeitig, damit Sie auch ohne Hund sorgenfrei den Urlaub genießen können.

Sorgfältige Recherche

Möchten Sie Ihren Hund in eine Hundepension geben, sollten Sie zunächst ohne ihn zu den ausgesuchten Pensionen fahren und ein Gespräch mit den Inhabern führen. Sie kennen die Bedürfnisse Ihres Hundes schließlich am besten. Sehen Sie sich alles an und lassen Sie sich die Abläufe erklären. Erkundigen Sie sich, wie viel Vorlaufzeit eine Anmeldung benötigt, denn zu Ferienzeiten sind gute Plätze rar. Erfragen Sie, ob Ihr Hund geimpft sein sollte und ob nur Rüden aufgenommen werden, die kastriert sind oder einen Hormonchip haben. Je nach Pension können die Regeln unterschiedlich sein. Haben Sie sich für eine Pension entschieden, fahren Sie nochmals mit Ihrem Hund dorthin, sodass auch er das neue Umfeld kennenlernen kann. Vielleicht besteht die Möglichkeit, dass Sie Ihr Tier vor dem Urlaub schon einmal stundenweise dort unterbringen können.

Besonders gut im Voraus planen müssen Sie als Halter einer unkastrierten Hündin, denn keine Pension nimmt läufige Hündinnen auf. Fahren Sie zu der Zeit entweder gar nicht in den Urlaub oder engagieren Sie einen Hundesitter. Machen Sie sich aber vorab auch Gedanken, wer während Ihrer Abwesenheit Ansprechpartner im Notfall sein kann.

Auch im Falle, dass Sie sich für einen Hundesitter statt für eine Pension entscheiden, gilt es zunächst, die Person kennenzulernen. Laden Sie den Hundesitter zu sich ein und beobachten Sie, wie die erste Begegnung zwischen ihm und Ihrem Hund verläuft. Handelt es sich um einen professionellen Sitter, wird er interessiert Fragen stellen, die Ihren Tagesablauf betreffen, welche Signale Ihr Hund beherrscht und ob es spezielle Aktivitäten gibt, die Sie mit Ihrem Hund betreiben. Er wird nach seinen »Macken« fragen und die sollten Sie auch ehrlich beantworten. Sind alle Fragen geklärt, sollte ein gemeinsamer Spaziergang folgen, bei dem sich der Hundesitter etwa einen Eindruck davon machen kann, wie Sie sich mit Ihrem Hund in der Öffentlichkeit bewegen und wie er an der Leine geht.

Für den Notfall vorsorgen – Prüfen Sie auch, ob Ihr Tierarzt seine Praxis während Ihres Urlaubs geöffnet hat. Alternativ lassen Sie dem Hundesitter/der Hundepension eine Adresse einer Tierklinik zukommen, denn dort finden Sie meist die ganze Woche über eine 24-stündige Betreuung.

Mit dem Hund unterwegs – Probleme beim Spazierengehen

Einen entspannten Spaziergang wünschen sich die meisten Hundehalter. Doch kann es dabei zu einigen Tücken kommen. Das beginnt schon beim Anleinen und setzt sich fort bis zu Hundebegegnungen.

15 Sobald ich die Leine in die Hand nehme, springt mein Hund wild herum

Bei den ersten Anzeichen für den bevorstehenden Spaziergang reagieren viele Hunde sehr aufgeregt. Spätestens beim Griff zu Geschirr und Leine geht das wilde Gewusel los. Ein entspanntes Anleinen und Loslaufen ist kaum möglich.

Erwartungshaltung

Der Start zum gemeinsamen Spaziergang ist ein Highlight für unsere Hunde. Das Ankleiden und Bereitmachen zum Rausgehen kündigt schließlich Spiel und Spaß an. In diese Situation Ruhe zu bekommen, kann schon eine kleine Herausforderung sein, weil die Erwartungshaltung des Hundes sehr hoch ist. Überlegen Sie sich zuerst einmal, wie das Anziehen und Losgehen denn eigentlich am besten ablaufen soll. Soll der Hund sitzen oder stehen, auf seinem Platz bleiben oder woanders warten? Kann das gewünschte Verhalten schon mit einem Signal abgerufen werden? Machen Sie sich also zuerst Gedanken darüber, welches Verhalten in genau dieser Situation für Sie wünschenswert wäre, und achten Sie darauf, auch nur genau dieses zu verstärken. Verstärkend wirkt dabei alles, was der Hund als belohnend empfindet. In der beschriebenen Situation wirken oft die Aufmerksamkeit des Halters und das Fortführen der Handlungen, die den Spaziergang ankündigen, belohnend und verstärken so das Fehlverhalten. Besser ist es, wenn Sie Ihrem Vierbeiner nur dann Aufmerksamkeit schenken und mit den Vorbereitungen fortfahren, wenn er das richtige Verhalten zeigt. Benimmt er sich daneben, wird er ignoriert und die Vorbereitung abgebrochen. Ignorieren bedeutet dabei: nicht anfassen, nicht angucken und nicht ansprechen.

Wenn es möglich ist, dass der Hund schon gut über ein Signal wie »Sitz« ruhig gehalten werden kann, wäre es in dieser Situation sinnvoll, dieses als Alternativverhalten zum wilden Springen zu fordern. Kann der Hund noch nicht mit einem Signal fixiert werden, können Sie sich erst mal auf »Alle vier Pfoten sind auf dem Boden und der Hund ist ruhig« als erwünschtes Alternativverhalten konzentrieren.

Ihr Hund muss verstehen, warum Sie ihn ignorieren! Achten Sie unbedingt darauf, Ihren Hund nicht länger als nötig zu ignorieren. In dem Moment, in dem er wieder das erwünschte Verhalten zeigt, sollte er auch wieder Ihre Aufmerksamkeit bekommen. Ansonsten kann der Hund das Abwenden Ihrer Aufmerksamkeit nicht mit dem unerwünschten Verhalten in Verbindung bringen und wird unter Stress gesetzt.

Wie kann ich die Leinenführigkeit trainieren?

16

Wenn die Leinenführigkeit immer wieder mit Stehenbleiben und Richtungswechsel trainiert wird, wirkt das oft immer nur kurz. Der Hund fällt ständig in das alte Muster zurück und zieht. Wie kann man das ändern?

Verhalten, das sich lohnt

Die Leinenführigkeit ist eines der häufigsten Probleme, mit denen Hundehalter zu kämpfen haben. Um sie erfolgreich trainieren zu können, ist es hilfreich zu wissen, warum Hunde an der Leine ziehen. Hunde sind im Grunde ganz einfach gestrickt und handeln nach zwei möglichen Motiven:

1. Dient das Verhalten dazu, einen Nutzen zu erreichen oder Schaden zu vermeiden, d. h., bringt das Verhalten dem Hund ein gutes Gefühl wie Freude oder Erleichterung, wird es häufiger gezeigt.
2. Führt das Verhalten zu Schaden in Form eines unguten Gefühls wie Angst oder Schmerz oder ist es Energieverschwendung, weil es keinen Nutzen bringt und so Frust auslöst, wird es nicht mehr gezeigt.

Zugegebenermaßen werden »Schaden« und »Nutzen« dabei vom Hund sehr subjektiv beurteilt und sind für den Menschen oft erst auf den zweiten Blick zu erkennen.

Auch das Ziehen an der Leine zeigt der Hund aber nur, weil es für ihn *sinnvoll* ist! Meist hat er einfach gelernt, dass Ziehen sich lohnt, weil er dadurch (schneller) dorthin kommt, wohin er gehen möchte. Im Prinzip würde es also ausreichen, wenn der Mensch stehen bleibt, sobald die Leine spannt, und weitergeht, wenn sie wieder locker ist. Dann würde sich das Ziehen an der Leine für den Hund nicht mehr lohnen. An diesem Punkt wird es nun aber knifflig. Bei Hunden gibt es nämlich die Regel, dass ein Verhalten nur dann aufgegeben wird, wenn es sich *nie* lohnt. Sie müssten es also schaffen, *immer und ausnahmslos* das Ziehen an der Leine für das Tier nutzlos zu machen. Leider ist diese 100%-Regel gerade in der Leinenführigkeit kaum umsetzbar.

Je nach Alter, Vorerfahrung und Persönlichkeit des Hundes, dem Umfeld und situationsge-

Ein stark an der Leine ziehender Hund fordert auch Ihre Körperkraft.

gebenen Ablenkungen kommt man mit dem »Stop and go« nicht sehr weit, bevor der Geduldsfaden reißt. Außerdem passiert es immer wieder, dass der Hund zieht und der Halter dennoch weitergeht, weil es in der jeweiligen Situation einfach nicht anders möglich ist.

Damit der Hund lernen kann, leinenführig zu laufen, braucht es ein strukturiertes Training, in dem Dauer und Ablenkungen in kleinen Schritten gesteigert werden können. Um die Übungseinheit alltagstauglich umsetzen zu können, muss ein wenig getrickst werden. Hier hat es sich bewährt, ganz klar zwischen Training und Nichttraining zu unterscheiden und diesen Unterschied dem Hund anhand zwei verschiedener Führsysteme zu verdeutlichen. Dabei machen wir uns das kontextabhängige Lernen zunutze. Sicher ist Ihnen auch schon aufgefallen, dass eine Übung auf dem Hundeplatz oder zu Hause super funktioniert, an einem anderen Ort oder in einer anderen Situation aber schwer umsetzbar ist. Das ist so, weil Hunde beim Lernen den gesamten Kontext (den Ort, anwesende Personen, Tageszeit usw.) in das Gelernte mit einbeziehen. Ein Sitz-Signal im Wohnzimmer ist für den Hund etwas ganz anderes als während des Spaziergangs. Erst nach und nach, durch viele Wiederholungen derselben Übung in verschiedenen Kontexten, wird das Gelernte generalisiert.

Den Kontext ändern – Es gibt verschiedene Möglichkeiten, den Kontext für den Hund zu ändern. Am einfachsten und eindeutigsten ist der Wechsel zwischen Halsband und Geschirr. Aber auch eine Unterscheidung anhand verschiedener Leinen oder Halsbänder ist denkbar. Wichtig ist nur, dass der Hund den anderen Kontext eindeutig wahrnehmen kann und Sie konsequent bleiben.

Kontextabhängiges Lernen für das Training nutzen

Bei der Leinenführigkeit können wir kontextabhängiges Lernen zu unserem Vorteil nutzen, indem wir den Kontext für das Training anders gestalten als außerhalb des Trainings. Sie könnten für Übungseinheiten ein Halsband benutzen, um damit die Leinenführigkeit zu trainieren. Immer, wenn die Leine am Halsband eingehakt ist, würden Sie zu 100% auf die lockere Leine bestehen. Geraten Sie in eine Situation oder an einen Ort, an dem Ihr Hund noch nicht an lockerer Leine laufen würde oder wo er nicht unbedingt leinenführig laufen muss, oder merken Sie, dass bei Ihnen oder Ihrem Tier die Konzentration nachlässt, würden Sie die Leine z. B. auf ein Geschirr umhaken. Sie verändern also den Kontext von »Halsband = Training« auf »Geschirr = Nichttraining«. Machen Sie das regelmäßig und sehr konsequent, wird Ihr Hund lernen, dass er am Halsband immer an lockerer Leine laufen soll, am Geschirr aber nicht so konsequent darauf geachtet wird. So können Sie mit Ihrem Hund die Leinenführigkeit nach und nach ausbauen, ohne jedes Mal wieder im Training zurückzufallen durch Situationen, in denen Ihr Hund noch nicht leinenführig laufen kann.

Oben: *Dieser Hund geht davon aus, dass er seinem Hobby nachgehen kann, und fühlt sich durch das Mitlaufen des Halters bestätigt.*
Unten links: *So signalisieren Sie Ihrem Hund, dass es in den Arbeitsmodus geht.*
Unten rechts: *Quality Time für Hund und Mensch. Ihr Hund hat einen neuen Fokus – nämlich Sie!*

17 Mein Hund beißt ständig in die Leine

Beim gemeinsamen Spazierengehen passiert es immer wieder, dass der Hund plötzlich in die Leine beißt. Wenn man dann schimpft, hilft das oft nicht wirklich. Warum macht der Hund das und was kann man dagegen tun?

Anzeichen für Stress

Meistens beißen Hunde aus Stress in die Leine, weil sie mit einer bestimmten Situation überfordert sind. Besonders junge oder unerfahrene Hunde neigen dazu, auf diese Weise Energie loszuwerden, um sich wieder ins Gleichgewicht zu bringen. Hier lohnt es sich also durchaus, zuerst möglichen Stressoren nachzugehen. Je sensibler und unerfahrener ein Hund ist, desto wahrscheinlicher reagiert er mit Stress. Häufig stressauslösende Faktoren sind:

- zu viele Reize auf dem Spaziergang oder Hundeplatz (Menschen, Hunde, Geräusche, Gerüche usw.)
- zu hohe Anforderungen an den Hund (zu viele oder zu lange Übungen, zu viel Spiel usw.)
- unklare oder widersprüchliche Kommunikation, auch durch die Körpersprache des Halters beim Training (Druckaufbau bei Signalen, Timingfehler usw.)
- ungünstige Stimmung des Halters (Stress, Genervtheit, Unwohlsein usw.)
- unklare Strukturen im Zusammenleben (zu wenige oder ständig wechselnde Regeln, keine Rituale usw.)
- unerfüllte Erwartungen des Hundes oder Konflikte (bei Hundebegegnungen, beim Losgehen zum Spaziergang usw.)

Analysieren Sie am besten zuerst, in welchen Situationen das Beißen in die Leine auftritt. Führen Sie dazu am besten mindestens eine Woche lang Tagebuch. Beachten Sie dabei auch, was vor und nach dem Verhalten passiert, z. B. immer nach oder vor einer Hundebegegnung, immer beim Überqueren einer vielbefahrenen Straße, immer nach 20–30 Minuten Spaziergang usw.

Oft denken wir bei Stress an unangenehme Situationen, aber auch sogenannter positiver Stress (Eustress) wirkt sich körperlich aus wie Distress und kann zu Verhaltensauffälligkeiten führen. Daher kann etwa auch intensives Spiel mit Mensch oder Hund zu Stress führen.

Haben Sie den oder die Auslöser gefunden, können Sie die Stressoren verringern und z. B. Spaziergänge oder Übungseinheiten verkürzen. Außerdem können Sie die Situationen so planen, dass Ihr Hund sie bewältigen kann. Legen Sie sich also eine neue Strategie zurecht, durch die Ihr Tier lernen kann, mit der Situation umzugehen. Das kann bedeuten, erst mal den Abstand zu stressauslösenden Reizen zu erhöhen und dem Hund ein Alternativverhalten beizubringen, das dann in der Situation abgerufen werden kann. Dabei darf man durchaus kreativ sein und dem Hund beispielsweise beibringen, ein Spielzeug im Maul zu tragen. Auch Entspannungsübungen sind eine große Hilfe bei der Bewältigung von Stress. Sorgen Sie auf jeden Fall dafür, dass Ihr Vierbeiner ausreichend zur Ruhe kommt und er alle Reize und alles Gelernte verarbeiten kann.

Können Sie keine äußeren stressauslösenden Faktoren erkennen, kann es sein, dass interne Stressoren wirken, wie etwa hormonelle Schwankungen durch die Pubertät oder den Zyklus der Hündin, aber auch Krankheiten oder Schmerzen.

Neben Überforderung kann auch chronische Unterforderung Stress auslösen und zu unerwünschten Verhaltensweisen führen. Haben Sie den Verdacht, dass Ihr Hund unausgelastet ist und das Beißen in die Leine einfach eine lustvolle Beschäftigung darstellt, gilt es, diese Energie in geeignete Bahnen zu lenken. Sehr artgerechte Auslastung bietet vor allem jede Art von Nasenarbeit. Ob beim Mantrailing, bei der Geruchsunterscheidung, der Flächensuche oder dem Ausarbeiten von Fährten: Hunden ist das Schnüffeln in die Wiege gelegt. Die Arbeit mit der Nase führt außerdem dazu, dass sie lernen, ruhig und konzentriert zu arbeiten. Natürlich gibt es aber auch viele tolle andere Möglichkeiten, den Hund zu beschäftigen: Longieren, Treibball, Agility und vieles mehr. Da ist für jeden etwas dabei.

Einige Hunde beißen in die Leine, um so die Aufmerksamkeit des Halters zu bekommen. Auch eine negative Aufmerksamkeit (Schimpfen) wird dabei von vielen Vierbeinern positiv wahrgenommen. Sollte Ihr Liebling das Verhalten aus diesem Grund zeigen, ist es wichtig, ihm fortan nur noch Aufmerksamkeit zu schenken, wenn er sich so verhält, wie Sie es sich wünschen. Ignorieren Sie also das unerwünschte Verhalten und belohnen Sie das Erwünschte. Sie werden staunen, wie häufig Ihr Hund das richtige Verhalten zeigt und nicht in die Leine beißt.

Meist ist das Beißen in die Leine gar keine Spielaufforderung, sondern ein Stressanzeichen.

18 Ich bin unsicher, ob ich Kontakte an der Leine zulassen soll

Auf Spaziergängen begegnen Sie immer wieder anderen Hunden. Viele Halter möchten, dass sich die Hunde begrüßen können. Sie haben aber auch schon gehört, dass Kontakte an der Leine nicht gut sind. Wie sollten Sie sich in solchen Situationen verhalten?

Wie Hunde das sehen

Für das Thema »Leinenkontakte« sind ein paar Hintergrundinformationen wichtig. Oft entspringen Kontakte an der Leine dem Wunsch des Menschen, seinem Hund soziale Interaktionen zu ermöglichen. Zweifelsfrei sind soziale Kontakte wichtig und nötig. Allerdings geht es dabei nicht darum, zwangsweise mit jedem Hund oder immer wieder mit neuen Hunden zu interagieren. Hätten Hunde die Wahl, würden die meisten von ihnen fremden Hunden eher aus dem Weg gehen. Hundebegegnungen werden von Menschen oft anders wahrgenommen als von ihren Hunden. Grundsätzlich löst eine Begegnung mit einem fremden oder nur flüchtig bekannten Hund bei den meisten Vierbeinern erst mal Stress aus: Unser Hund weiß nicht, wie der andere drauf ist, ob er freundlich oder eher griesgrämig ist usw. Es ist ihm also völlig unklar, wie das Gegenüber bei einer Begegnung reagieren wird. Das bringt unseren Hund in eine Situation, die eine hohe soziale und kommunikative Kompetenz voraussetzt, um sie gut meistern zu können. Gut sozial interagieren zu können, setzt wiederum voraus, dass der Hund auch den nötigen Raum dazu hat. Denn auch die Möglichkeit, die Distanz zu vergrößern oder in ein Spiel zu gehen, ist für eine gelingende Kommunikation wichtig. Hier wird es an der Leine also problematisch: Der Hund kann gar nicht so, wie er gerne wollte! Schnell kommt es dann zur Überforderung. Wiederholt sich diese Situation immer wieder, weil der Mensch den Stress des Tieres nicht erkennt und das nervöse Verhalten an der Leine etwa als Spiel interpretiert, bekommt der Hund den Eindruck, dass sein Halter ihn immer wieder in eine Lage bringt, die er als unangenehm

Sind beide Hunde kontrollierbar, so steht einer kurzen Begegnung sicher nichts im Wege, sofern von allen gewünscht.

empfindet. Viele Hunde fühlen sich dann unwohl.

Wie Ihr Hund Kontakte selbst vermeidet

Der Hund gerät dadurch in den Zwang, selbst dafür sorgen zu müssen, dass solche Situationen zukünftig nicht mehr vorkommen. Nicht selten entwickelt sich daraus eine Leinenaggression, weil der Hund über kurz oder lang lernt, dass Angriff die beste Verteidigung ist: Bellen, Knurren und wildes Gebaren werden von seinem Menschen wahrgenommen und führen endlich zur lang ersehnten Distanzvergrößerung.
Achten Sie auf frühe Stressanzeichen: plötzliches Schnüffeln oder Langsamerwerden, den Versuch, sich abzuwenden oder einen Bogen zu laufen, Schütteln, Kratzen, Gähnen, über die Schnauze lecken oder Kleinermachen als Beschwichtigungssignale, Spontanschuppung, in die Leine beißen, Anspringen usw. Diese Zeichen zeigt ein Hund meist schon aus recht großen Distanzen. Seien Sie also aufmerksam und reagieren Sie frühzeitig.

Ohne Leine geht's besser

Einige Hunde finden Kontakte an der Leine aber auch tatsächlich richtig toll. Viele Labradore oder auch junge Hunde gehören zu dieser Kategorie, die öfter davon ausgeht, dass das Gegenüber ebenfalls spielen möchte. Leinenkontakte an sich lösen dann keinen negativen Stress aus. Allerdings sollten Sie sich darüber bewusst sein, dass ein echtes Spiel an der Leine nicht möglich ist und auch gefährlich werden kann. Allzu schnell können sich die Leinen verwickeln und die Hunde quasi aneinander gefesselt werden. Schnell wird so aus Freund plötzlich Feind!
Auch wenn der Kontakt an der Leine nett, stressfrei und ungefährlich ist und der Halter ihn deshalb zulässt, kann das später einmal zu einem Problem werden. Lernt der Hund, dass er an der Leine immer zu anderen Hunden darf, entwickelt er eine Erwartungshaltung. Gerät der Halter nun in Situationen, in denen Leinenkontakt aus unterschiedlichen Gründen nicht möglich ist (z. B. weil der andere Hundehalter das nicht möchte), und hält seinen Hund zurück, wird diese Erwartungshaltung nicht erfüllt und das Tier ist frustriert. Auch aus dem Gefühl von Frust entwickeln viele Hunde problematische Verhaltensweisen, die wieder in einer Leinenaggression enden können. Mit einer ganz klaren Regelung »An der Leine reden wir nicht mit anderen Hunde – ohne Leine darfst du frei interagieren« können Sie alle diese möglichen Probleme umgehen. Es kommt weder zu Verunsicherung noch zu einer ungünstigen Erwartungshaltung. Natürlich ist es wichtig, seinem Hund im Freilauf die Kontakte, die für sein individuelles Wohlbefinden nötig sind, zu ermöglichen. Auch hier ist weniger aber manchmal mehr. Oft sind eine Handvoll, aber dafür qualitativ hochwertige Kontakte mit bekannten, sozial kompetenten Hunden sehr viel mehr wert als unzählige Zufallsbegegnungen.

Übrigens – **Es gilt als sehr unhöflich unter Hundehaltern, seinen Hund zu einem angeleinten Hund zu lassen. Behalten Sie Ihren Hund also erstmal bei sich und sprechen Sie sich mit dem anderen Halter ab, ob ein Kontakt erwünscht ist. Meist hat es einen guten Grund, warum ein Hund angeleint ist: Läufigkeit, Krankheit oder Alter, eine Angst- oder Aggressionsproblematik, eine Jagdpassion usw.**

19 Mein Hund stürmt auf fremde Hunde zu

Es gibt Hunde, die, sobald sie Artgenossen sehen, freudig auf sie zustürmen. Wenn man dann versucht, das Tier zurückzurufen, bringt das meistens gar nichts. Gegen andere Hunde haben Halter oft keine Chance. Was kann man dagegen machen?

Impulskontrolle

Besonders für junge oder kontaktfreudige Hunde kündigt die Sichtung von Artgenossen Spiel und Spaß an. Schnell wird dann durchgestartet und der Mensch vergessen. Da das Laufen *zu* und Spiel *mit* anderen Hunden stark selbstbelohnend ist, wird es für den Halter mit der Zeit immer schwieriger, dieses Verhaltensmuster zu durchbrechen.

Hier eignet sich eine Übung zur Impulskontrolle sehr gut, sodass der Hund lernt, nicht immer sofort seinem Bedürfnis nach Kontakt mit anderen Hunden nachzugehen. Impulskontrolle ist nicht unerschöpflich und muss immer wieder aufgeladen werden, etwa durch Ruhephasen und Schlaf. Auch haben nicht alle Hunde eine gleich große Impulskontrolle: Sehr junge Hunde und solche, die rassebedingt schnell auf Reize reagieren, haben weniger. Allerdings kann man durch Training das »Fassungsvermögen des Akkus« vergrößern. Beachten Sie dabei, dass Impulskontrolle nicht von einem Reiz auf einen anderen übertragbar ist. Es kann also sein, dass ein Hund bei einem Futterreiz eine sehr gute Kontrolle zeigt und es fantastisch

Für den Hundehalter und andere Spaziergänger oft ein kleiner Albtraum, wenn das Temperament beim Hund durchgeht.

aushält, vor dem gefüllten Napf zu warten, bis der Halter ihn freigibt, sich aber bei der Sichtung von einem anderen Hund nicht mehr zurückhalten kann. Impulskontrolle muss also für jeden Reiz gesondert geübt werden!

Schritt für Schritt

Soll der Hund nun lernen, sich beim Anblick anderer Hunde zu zügeln und erst mal Kontakt zu seinem Halter aufzunehmen, anstatt unkontrolliert loszustürzen, üben Sie auch direkt mit einem anderen Hund. Dafür ist es wichtig, dass die fremden Hunde nicht auf Sie und Ihren Hund zukommen können. Suchen Sie sich also entweder einen Ort, wo ein oder mehrere Hunde auf einem festen Platz sind (Hundewiese, Nachbarsgarten) oder bitten Sie Bekannte oder Freunde mit Hund, an der Übung teilzunehmen, und instruieren Sie diese, wo sie sich aufhalten sollen. Begeben Sie sich mit Ihrem angeleinten Hund in eine Distanz zu dem fremden Hund, die Ihrer Meinung nach noch groß genug ist, dass Ihr Hund sich innerhalb von maximal einer Minute *selbstständig* zu Ihnen umorientiert. Dabei ist es wichtig, dass Ihr Hund es wirklich von alleine schafft, zu Ihnen zu schauen, ohne dass Sie helfen! Bedenken Sie, dass Ihr Hund das später auch ohne Leine im Freilauf ganz von allein leisten soll. Schafft Ihr Hund es nicht, vergrößern Sie die Distanz zum anderen Hund. Wenn Ihr Hund sich nun zu Ihnen umorientiert, bestätigen Sie sein Verhalten mit einem besonders guten Leckerchen oder auch einem Spiel. Ihr Hund soll lernen, dass es sich lohnt, die eigenen momentanen Bedürfnisse aufzuschieben, weil dann etwas anderes Tolles passiert. Für diese Übung eignet sich hervorragend der Clicker. Wiederholen Sie diese Übung je nach dem individuellen Leistungsvermögen Ihres Hundes. Es gibt durchaus Vierbeiner, bei denen ein oder zwei Male reichen, dass der Akku leer ist und sie tatsächlich nicht mehr können. Hören Sie also am besten auf, wenn es gerade noch richtig gut läuft. Dazu bestätigen Sie wieder den Blick Ihres Hundes zu Ihnen und bewegen sich dann sofort vom anderen Tier weg, während Sie Ihren Hund weiter füttern oder bespielen. Während des Weggehens vom Spielgefährten bekommt Ihr Hund also weiterhin Bestätigung. So beugen Sie Frust vor und vermeiden, dass die Übung einen unangenehmen Nachgeschmack für Ihren Hund entwickelt. Nach und nach werden Sie merken, dass Sie für das Training immer näher an andere Hunde herankommen können, Ihr Hund viel länger bei der Übung durchhält und er sich auch viel schneller zu Ihnen umorientiert. Beginnen Sie dann statt an der normalen Leine an der Schleppleine zu üben und so die Distanz zwischen Ihnen und Ihrem Hund zu erhöhen. Klappt die Umorientierung gut, ist der Hund auch stärker motiviert, von alleine, zu Ihnen zu kommen.

Schön ist es, wenn sich der Hund immer erst an Ihnen orientiert.

20 Wie geht entspanntes Gassigehen mit zwei Hunden?

Bisher waren Sie immer nur mit einem Hund an der Leine unterwegs. Nun kommt aber ein Zweithund dazu. Wie kann man mit beiden Hunden entspannt spazieren gehen, ohne dass es zu Leinenverwicklungen kommt?

Jeder an seinem Platz

Damit der Spaziergang auch mit zwei Hunden unproblematisch verläuft, sollte jeder Hund wissen, welche Position er einnehmen soll. Ein selbstständiges Wechseln der Seiten kann so verhindert werden und die Leinen können sich nicht verwirren. Bei zwei Hunden ist es am einfachsten, wenn jeder Hund eine Seite zugewiesen bekommt. Es ist wichtig, dass Sie anfangs die Positionen mit jedem Hund einzeln üben. Skizzieren Sie auf einem Blatt Papier den Leinenradius, den Ihr Hund zur Verfügung hat. Zeichnen Sie dafür einen kleinen Kreis – Ihr Kopf von oben betrachtet – und einen größeren Kreis darum herum, der den Leinenradius zeigt. Schraffieren Sie nun den Bereich, in dem Ihr Hund laufen soll. Das könnte rechts oder links von Ihrem Kopf sein, auch ein wenig schräg hinter oder vor Ihnen. Dieser schraffierte Bereich ist Ihr Zielbereich. Belohnen Sie beim Üben Ihren Hund, wenn er in der gewünschten Position läuft. Möchte er den gewünschten Bereich verlassen, verhindern Sie das entweder körpersprachlich oder mit der Leine und bleiben stehen. Führen Sie Ihren Hund, z. B. mithilfe eines Leckerchens, in die richtige Position zurück. Gehen Sie erst weiter, wenn er wieder im Zielbereich ist, und bestätigen Sie ihn dort. Passen Sie das Training dem Lernstand des Hundes an: Welpen haben eine sehr kurze Konzentrationsspanne und sind nach wenigen Minuten nicht mehr aufnahmefähig. Hund aus dem Tierschutz haben oft noch nicht gelernt, mit dem Menschen zu kooperieren, sie müssen das also erst einmal lernen. Achten Sie also darauf, Ihren neuen Hund nicht zu überfordern, und gestalten Sie die Übungseinheiten kurz und so positiv wie möglich. Erst wenn jeder Hund weiß, wo er laufen darf, und dies auch unter Ablenkung klappt, trainieren Sie beide gleichzeitig.

Vielleicht weiß Ihr Ersthund sogar schon, wo er laufen soll, oder Sie haben noch ein wenig Zeit, um dies mit ihm zu üben. Dann können Sie gleich das Training mit Ihrem Zweithund starten.

Um während der Trainingsphase nicht doppelt spazieren gehen zu müssen und dennoch mit jedem Hund einzeln üben zu können, ohne Rückschritte befürchten zu müssen, hat es sich bewährt, zwischen Training und Nichttraining zu unterscheiden. Je nach Alter und Trainingsstand der Hunde kann es durchaus ein wenig dauern, bis die Gehposition verinnerlicht ist. Üben Sie also in kleinen Einheiten und bauen Sie diese im Laufe der Zeit immer weiter aus. Für die Zeit, in der Sie nicht trainieren können oder wollen, signalisieren Sie Ihren

Hunden das durch einen veränderten Kontext (siehe Seite 36). Durch eine Veränderung des Kontextes können Sie Ihrem Hund mitteilen »Du wirst gerade trainiert und ich bin konsequent in der Umsetzung!« oder auch »Du hast gerade Freizeit und ich bin nicht so konsequent«. Möglich wäre es zum Beispiel, den Hund, der gerade trainiert wird, am Halsband zu führen und ihm auch die volle Konzentration zu geben und den Hund, der gerade nicht dran ist, an einem am Halter befestigten Bauchgurt einfach mitlaufen zu lassen. Nach ein paar Minuten wird dann gewechselt und der andere Hund ist dran, wobei der jeweilige Kontext angepasst wird.

Welche Kontextveränderung für Sie und Ihren Hunden geeignet ist, sollten Sie anhand Ihrer persönlichen Bedürfnisse entscheiden. Möglich wären auch ein Wechsel der Leinen, beispielsweise zwischen normaler Führleine und einer längeren oder kürzeren Leine, oder unterschiedliche Halsbänder. Viele Geschirre haben inzwischen auch mehrere Ringe, die für unterschiedliche Kontexte genutzt werden können, etwa einen Ring an der Brust und einen auf dem Rücken. Auch ist es möglich, den Hund, der gerade nicht trainiert wird, im Freilauf mitlaufen zu lassen. Falls es am Anfang schwierig ist, den Hund, der gerade nicht dran ist, im Auge zu behalten, können Sie ihn auch kurzfristig am Wegrand gesichert an einem Baum warten lassen, während Sie mit dem anderen Hund in unmittelbarer Nähe üben. Passen Sie das Training also Ihren Gegebenheiten an. Auch kreative Lösungen sind möglich. Nach und nach wird der Kontext »Nichttraining« immer mehr ausgeschlichen und der gesamte Spaziergang ist »Training«.

Ein anstrengender, aber lohnender Weg – zwei Hunde, die leinenführig spazieren gehen.

21 Aus dem Kofferraum aussteigen

Viele Hunde sind sehr aufgeregt, wenn sie aus dem Auto aussteigen. Oft kündigt die Fahrt eine tolle Aktivität an: den Besuch in der Hundeschule, einen Spaziergang oder Spaß auf der Hundespielwiese. Zurückhaltung fällt dann schwer.

Das Training

Das gesittete Aussteigen aus dem Auto kann und sollte geübt werden. Schnell kommt es sonst zu gefährlichen Situationen. Überlegen Sie sich, welches Verhalten Ihr Hund beim Öffnen des Kofferraums zeigen soll. Denn erst wenn der Mensch genau weiß, welches Verhalten er sich von seinem Tier wünscht, kann er es trainieren. Die sicherste Variante ist, wenn der Hund lernt, so lange im Auto sitzen zu bleiben, bis sein Mensch ihm das Signal zum Aussteigen gibt. Dafür sollte der Hund schon auf Signal sitzen können. Hier lohnt es sich also möglicherweise, das Signal generell noch einmal zu festigen. Kann der Hund das Sitz-Signal sicher umsetzen und auch eine kleine Weile durchhalten, bis der Halter es auflöst, ist es viel einfacher, das von ihm vor dem Aussteigen aus dem Auto zu verlangen. Es ist sehr sinnvoll, das Training für das Aussteigen zuerst in einer entspannten Situation zu beginnen, zum Beispiel nach dem Spaziergang. Lassen Sie Ihren Hund also ein paar Mal kontrolliert in den Kofferraum ein- und aussteigen und belohnen Sie ihn, wenn er es gut macht. So kann das neue Verhalten ganz in Ruhe und vor allem

Damit Sie und Ihr Hund nicht in Stress geraten, empfiehlt sich, ein Sitz oder Platz zu trainieren.

erfolgreich geübt werden. So steigen die Chancen, dass es dann auch in einer aufgeregteren Situation klappt, weil der Hund das richtige Verhalten bis dahin schon mehrmals geübt hat.

Schritt für Schritt

Bringen Sie Ihren Hund zum Sitzen, *bevor* Sie den Kofferraum öffnen. Erst wenn Ihr Hund das Signal ausführt, beginnen Sie die Klappe aufzumachen. Achten Sie darauf, dass Sie die Klappe langsam aufmachen, und behalten Sie Ihren Hund dabei gut im Auge. Steht er unaufgefordert auf, bringen Sie ihn wieder zum Sitzen. Bleiben Sie dabei unbedingt ruhig, freundlich und geduldig und lehnen Sie die Kofferraumklappe wieder an. Ihr Hund weiß ja noch nicht, dass das richtige Aussteigen so funktioniert, und muss sich erst an das neue Ritual gewöhnen. Öffnen Sie die Klappe in dem Augenblick wieder langsam, wenn Ihr Hund sitzt. Loben Sie ihn unbedingt, solange er sitzen bleibt. Ist die Klappe offen, können Sie auch gerne mit einem Leckerchen das gute Verhalten bestätigen. Leinen Sie Ihren Vierbeiner ganz in Ruhe an und achten Sie darauf, dass er weiter sitzen bleibt. Immer, wenn Ihr Hund aufsteht, bringen Sie ihn wieder freundlich, aber konsequent zurück ins Sitz. Geben Sie ihm nun das Signal zum Aussteigen bzw. lösen Sie das Sitz auf. Auch nach dem Aussteigen wäre es gut, wenn Sie Ihren Hund erst wieder absitzen lassen, während Sie das Auto schließen. Ist der Hund mit einem Signal fixiert, wird das nachfolgende gemeinsame Loslaufen viel entspannter, da der Hund aufmerksamer und konzentrierter ist.

Bis das Training greift und ein kontrolliertes Aussteigen möglich ist, können Sie den Hund durch geeignete Managementmaßnahmen absichern. Denkbar wäre dafür zum Beispiel der Transport auf der Rückbank, wobei der Hund über ein spezielles System angeschnallt wird und dadurch auch beim Öffnen der Tür nicht rausspringen kann. Es ist auch möglich, den Hund im Kofferraum angeleint zu lassen, sodass der Mensch direkt die Leine greifen kann und so ein unkontrolliertes Rausspringen verhindert wird. Beachten Sie aber, dass der Hund sich dann mit der Leine nicht verheddern kann während der Fahrt.

Sitzt Ihr Hund bei offener Kofferraumklappe, anstatt gleich aufzuspringen, haben Sie mehr Ruhe und sicherer ist es auch.

Tipp

Die sicherste Variante, einen Hund im Auto zu transportieren, ist eine dafür geeignete Hundebox. Sie bietet den besten Schutz im Falle eines Unfalls für alle Insassen. Außerdem hat sie den Vorteil, dass der Hund nicht gleich beim Öffnen der Kofferraumklappe rausspringen kann, sondern erst, wenn der Halter die Box öffnet. Der Mensch hat so eine größere Kontrolle und Gefahrensituationen können viel eher vermieden werden. Boxen gibt es fertig zu kaufen oder man kann sie speziell für den jeweiligen Autotyp anfertigen lassen.

Die Ohren auf Durchzug – wenn der Hund nicht hört

Eine gute Signalkontrolle ist die Grundlage für ein entspanntes Miteinander. Kann sich der Mensch darauf verlassen, den Hund in jeder Situation ansprechen und kontrollieren zu können, öffnet das die Tür zur größtmöglichen gemeinsamen Freiheit.

Freilaufend lässt sich mein Hund nicht zurückrufen

22

Im Freilauf ignoriert mein Hund meinen Rückruf komplett. Wenn er an der Leine ist, kann ich ihn aber ganz leicht zu mir rufen. Was ist da schief gelaufen? Wie kriege ich ihn dazu, auch ohne Leine auf mein Signal zu reagieren?

Ganz oder gar nicht

Der Aufbau eines perfekten Rückrufs ist eine große Herausforderung und braucht ein gut durchdachtes und strukturiertes Training. Schnell können sich sonst unerwünschte Fehlverknüpfungen bilden. Wenn Sie Wert auf einen Rückruf legen, der in allen Lebenslagen zuverlässig klappt, sollten Sie beim Aufbau darauf achten, dass der Hund nie die Erfahrung macht, dass er beim Rückrufsignal nicht zu kommen braucht und stattdessen etwas anderem weiter nachgehen kann. Hier reichen manchmal schon zwei oder drei Fehlversuche, d. h., man ruft und der Hund kommt nicht, und der Vierbeiner lernt, dass das Signal eben doch nicht immer und überall gilt. Dann steht man wieder am Anfang und muss ein neues Signal von vorne aufbauen. Achten Sie also darauf, dass Sie Ihr Training gut planen und die Schritte zum Ziel »perfekter Rückruf« so klein wählen, dass Sie und Ihr Tier immer Erfolg haben. Bevor Sie Ihren Rückruf in der Trainingsphase (kontextabhängiges Lernen, siehe Seite 36) benutzen, sollten Sie sich sicher sein können, dass Ihr Hund auch wirklich darauf hört. Bedenken Sie, dass es *Tausende* erfolgreiche Wiederholungen braucht, bis ein Verhalten sicher sitzt. Wenn der Hund an der Leine gut reagiert, im Freilauf aber das Signal ignoriert,

Der Hund sollte wissen, bis wohin er laufen darf.

hat sich sehr wahrscheinlich ein Trainingsfehler eingeschlichen. Dafür gibt es mehrere mögliche Gründe. Oft ist es auch eine Kombination verschiedener Ursachen.

Häufigste Gründe für Trainingsfehler

- Beim Aufbau des Rückrufs wurde aus Versehen ungewollt über die Leine kommuniziert, d. h., der Hund wurde gerufen, als die Leine gespannt war, und so denkt er, dass das Signal aus dem Hörzeichen *und* der gespannten Leine bestehe. Das Hörzeichen alleine ist dann bedeutungslos.
- Der Rückruf wurde über die Meidemotivation aufgebaut, d. h., Ihr Vierbeiner hat gelernt, dass es unangenehm wird, wenn er den Rückruf ignoriert, weil dann z. B. die Leine gezogen wurde. Ist die Leine ab, gelten diese Maßnahmen nicht und der Rückruf kann ignoriert werden. Beim Rückruf ist es besonders wichtig, dass er für den Hund positiv belegt ist. Dass das Tier aufgrund einer Meidemotivation zu uns kommt, sollte daher unbedingt vermieden werden.
- Im Freilauf haben Sie es mit vielen konkurrierenden Motivationen zu tun: Was der Hund im Freilauf machen kann (schnüffeln, mit Hunden spielen, rennen usw.), ist attraktiver als das, was der Halter ihm nach dem Rückruf bietet. An der Leine fehlen diese konkurrierenden Motivationen, was den Halter und seine vielleicht nur »mittelmäßigen Kekse« attraktiver macht.
- Beobachten Sie Ihren Hund einmal und finden Sie heraus, was er besonders gerne mag und tut! Dies sollten Sie dann als Belohnung im Rückruf einsetzen. Das kann ein Rennspiel mit Ihnen sein oder auch das Erschnüffeln von Leckerchen am Boden. Seien Sie gerne kreativ.
- Der Hund hat die Erfahrung gemacht, dass nach dem Rückruf im Freilauf mit einer sehr hohen Wahrscheinlichkeit wieder angeleint wird und somit der Spaß vorbei ist. Achten Sie also darauf, dass Sie Ihren Hund sehr viel öfter rufen und dann wieder in den Freilauf entlassen, anstatt ihn jedes Mal anzuleinen und einfach weiterzugehen. Außerdem sollten Sie das Anleinen nach dem Rückruf positiv belegen.
- Oft wird das Rückrufsignal im Training oder in einem gesicherten Modus (an der Leine, in einem eingezäunten Bereich, ohne Ablenkungen usw.) ganz anders gerufen als im Ernstfall. Durch eine veränderte Stimmlage bekommt es für den Hund damit auch eine andere Bedeutung. Im Training heißt »Hier« zum Menschen laufen. Außerhalb bedeutet »Hiiieeer!!!«, dass eventuell ein Reh am Horizont aufgetaucht ist oder Ähnliches. Daher ist es ganz wichtig, möglichst ein Rückrufsignal zu wählen, das in allen Lagen immer gleich klingt und emotionsneutral gegeben werden kann wie ein bestimmter Pfiff auf einer Pfeife.

Sorgsames Training – Haben sich einmal im Aufbau Fehler eingeschlichen und hat der Hund gelernt, dass er den Rückruf auch nicht befolgen kann, kommen Sie normalerweise leider nicht darum herum, noch einmal ganz von vorne anzufangen. Es lohnt sich, Zeit und Geduld zu investieren und einen echten Trainingsplan zu erstellen, um den Hund dann sicher aus jeder Situation abrufen zu können. Viel Erfolg!

Oben: *Steigern Sie das Wir-Gefühl und spielen Sie mit Ihrem Hund.*
Unten links: *So macht Training Spaß! Ein Pfiff und der Hund kommt.*
Unten rechts: *Nach einem erfolgreichen Abruf folgt eine sehr gute Belohnung.*

23 Mein Hund lässt sich nicht aus einer Hundegruppe abrufen

Es kann passieren, dass der Rückruf eigentlich gut funktioniert, sich der Hund aber nicht aus einer Hundegruppe abrufen lässt. Er spielt dann einfach weiter. Was soll man tun, damit der Rückruf auch in dieser Situation klappt?

Das Premack-Prinzip

Haben Sie einen Hund, der gerne mit anderen Hunden interagiert, ist der Abruf aus einer Hundegruppe oft schwierig. Hier ist es sehr hilfreich, nach dem Premack-Prinzip zu trainieren. David Premack (1925–2015) war ein amerikanischer Verhaltensforscher, der herausgefunden hat, dass man ein Verhalten mit einer niedrigen Auftretenswahrscheinlichkeit mittels eines Verhaltens mit einer hohen Auftretenswahrscheinlichkeit verstärken, d. h. belohnen kann. Übersetzt heißt das, dass die bessere Belohnung das ist, was der Hund in dem Moment lieber tun würde, als das, was der Mensch von ihm verlangt. Dieses Prinzip können Sie sich im Training zunutze machen. Für den Rückruf Ihres Vierbeiners aus einer Hundegruppe wäre die ideale Belohnung also das anschließende Spiel mit anderen Hunden. Da es aber im ersten Schritt nicht klappen wird, Ihren Hund direkt aus dem Spiel abzurufen,

Ein unangenehmes Gefühl entsteht, wenn der Hund nicht reagiert.

bedarf es einiger Zwischenschritte. Als ideale Vorübung eignet sich die Übung zur Impulskontrolle (siehe Seite 43). Klappt es, dass sich Ihr Vierbeiner selbstständig nach Ihnen orientiert, gehen Sie den nächsten Schritt. Nun ist es wichtig, dass Sie die anderen Hunde, die Sie zu Übungszwecken als Ablenkung brauchen, auch nach dem erfolgreichen Rückruf zum Spielen freigeben können. Versichern Sie sich also am besten vor der Übung, dass es für die anderen Hunde und Halter in Ordnung ist, wenn Ihr Hund gleich zu Ihnen läuft.

Eine Entspannung für jeden Hundehalter, wenn der Hund verlässlich zurückkommt.

Schritt für Schritt

Ihr Hund sollte an einer längeren Leine oder Schleppleine gesichert sein. Sie beginnen die Übung genau wie die bereits beschriebene Impulskontrollübung. Nun belohnen Sie aber nicht mehr die Umorientierung zu Ihnen wie zuvor, sondern geben, sobald Ihr Hund Sie anschaut, Ihr Rückrufsignal. Kommt Ihr Hund zu Ihnen, loben Sie ihn und lassen Sie ihn dann sofort frei, um zu den anderen Hunden zu laufen. Ihr Hund bekommt also zur Belohnung für den erfolgreichen Rückruf genau das, was er in diesem Moment am liebsten haben möchte: das Spiel mit den anderen Hunden. Wiederholen Sie diese Übung bei immer kleiner werdender Distanz zu den anderen Hunden. Achten Sie darauf, dass Sie Ihren Hund vorerst mit einer Schleppleine sichern und so im Notfall verhindern können, dass er Ihren Rückruf ignoriert und frühzeitig zu den anderen Hunden rennt. Außerdem sollten Sie das Spiel mit den anderen Hunden ganz eindeutig freigeben und verhindern, dass Ihr Hund Ihr Signal vorschnell von selbst auflöst. Benutzen Sie dafür am besten ein bestimmtes Freigabesignal, was Ihrem Hund sagt, dass er tun darf, was er will.

Arbeiten Sie sich nach und nach immer näher an die spielende Hundegruppe heran, bis Sie schließlich Ihren Hund direkt daraus abrufen. Durch die vielen vorherigen Übungen hat Ihr Hund bis hierhin schon sehr oft die Erfahrung gemacht, dass es sich lohnt, auf Ihren Rückruf zu reagieren, weil er dann genau das bekommt, was er möchte.

Das Belohnen ist nach Premack so wirksam, dass das wünschenswerte Verhalten, das Sie üben, genauso attraktiv für den Hund wird wie das Verhalten, mit dem Sie belohnen. Ihr Hund wird also, wenn Sie gut trainieren, genauso gerne auf Ihren Rückruf reagieren, wie er mit den anderen Hunden spielen möchte. Falls Ihr Tier im Training nicht auf Ihr Rückrufsignal reagiert und weiter spielt, nehmen Sie ganz ruhig die Schleppleine auf, sagen »Schade« und nehmen Ihren Hund ruhig aus der Situation. Wiederholen Sie die Übung kurze Zeit später, wenn er ein wenig entspannter ist, und machen Sie es ihm etwas einfacher, sodass Sie beide auf jeden Fall wieder Erfolg haben. Vermeiden Sie es, mit ihm zu schimpfen, wenn es nicht gleich beim ersten Mal klappt. Denken Sie daran, dass der Rückruf immer etwas Positives für Ihren Hund sein soll.

24 Wenn mein Hund in Rage ist oder bellt, lässt er sich kaum beruhigen

Wenn Ihr Hund aufgeregt ist, können Sie ihn kaum beruhigen? Vielleicht haben Sie auch das Gefühl, es geht ihm dabei nicht gut, aber von selbst kommt er nicht wieder zur Ruhe. Es dauert teilweise sehr lange, bis er wieder entspannt ist.

Entspannung üben

Viele Hunde haben Schwierigkeiten, nach einer aufregenden Situation wieder zur Ruhe zu kommen. Das kann durch Hundebegegnungen passieren oder auch durch Wildsichtungen. Generell ist es für Hunde biologisch gesehen manchmal sehr sinnvoll, rein aus dem Affekt zu reagieren. Das gilt besonders für Situationen, die dem Überleben dienen: Angriff oder Flucht bei vermeintlichen Gefahren, Fortpflanzung, Nahrungsbeschaffung usw. Er könnte ja sonst etwa den Ärger vom Erzfeind auf sich ziehen, der Hase wäre weg und damit die nächste Mahlzeit, oder die läufige Hündin hat sich einen anderen geschnappt. Langes Nachdenken wäre da nachteilig, weil der Hund dann schnell den Kürzeren ziehen würde, und so ist schnelles Handeln gefragt. Stellen Sie sich das wie einen Schalter im Kopf vor, der auf zwei Stellungen stehen kann: »Schnelle Reaktion, keine Zeit für Denken, einfach machen« und »Erst denken, dann handeln, in der Ruhe liegt die Kraft«. Auf welcher Seite der Schalter steht, wird durch verschiedene Hormone gesteuert.

Ein Training lohnt sich nicht nur für Sie, sondern auch für Ihren Hund.

Stress kann dazu führen, dass der Schalter von jetzt auf gleich umgelegt wird und der Hund nicht mehr ansprechbar ist. Dann kann man oft nur warten, bis er von allein wieder zurück kippt. Gutes Zureden hilft dann meist nicht und einfach nur die Situationen abzubrechen oder zu vermeiden führt langfristig nicht zum gewünschten Lernerfolg.

Wäre es nicht toll, wenn man dem Hund einfach sagen könnte, er solle sich entspannen? Wenn Sie also einfach den Schalter wieder umlegen könnten? Gute Nachrichten: Das geht! Auch im emotional aufgewühlten Zustand kann Ihr Vierbeiner unter Signalkontrolle gebracht gemacht werden. Das Geheimnis liegt in der konditionierten Entspannung. Dabei wird über klassische Konditionierung ein bestimmtes Gefühl mit einem Signal verknüpft. Um Entspannung konditionieren zu können, ist es wichtig, dass Sie Ihren Hund regelmäßig in diesen Zustand bringen können. Meist klappt das gut abends auf dem Sofa, wenn sowieso mit dem Hund gekuschelt wird. Suchen Sie sich also eine Situation und eine Zeit, in der Ihr Hund leicht zur Ruhe zu bringen ist und wirklich entspannt. Massieren oder streicheln Sie ihn ganz langsam und achten Sie dabei auch auf Ihre eigene Stimmung. Nur wenn auch Sie ruhig sind, wird Ihr Tier entspannen können. Atmen Sie also ruhig und lassen Sie den Stress des Alltags hinter sich. Stellen Sie fest, dass Ihr Hund in die absolute Entspannung gekommen ist, können Sie nun diesen Zustand benennen, d. h. mit einem Signal belegen. Das kann ein Wort sein, zum Beispiel »Ommm« oder »Easy«, das Sie mit ruhiger Stimme wiederholen, oder auch eine ganz bestimmte Berührung, z. B. vorne an der Brust. Auch eine Kombination aus Wort und Berührung ist möglich sowie die Verknüpfung der Entspannung mit einem bestimmten Duft, einer besonderen Decke, einem Halstuch usw. Wichtig ist, dass das Signal Ihren Hund nicht aus dem entspannten Zustand reißt. Diese Übung sollten Sie am besten täglich mit ihm durchführen und das über sechs Wochen, um wirklich sichergehen zu können, dass sich das Signal mit dem Zustand der Entspannung verknüpft hat. Danach können Sie das Signal in Situationen anwenden, um das Erregungslevel Ihres Hundes zu drosseln und ihn aus der Erregung wieder in eine Entspannung zu bringen. Er wird sehr viel ruhiger und wieder ansprechbar sein, sodass Sie auch wieder über Ihre anderen Signale ein angemessenes Verhalten abrufen können.

Ihr Hund lernt mit dieser Methode, auch aufregende Situationen meistern zu können, und wird langfristig immer seltener in den Zustand der unkontrollierbaren Erregung fallen. Beachten Sie, dass die konditionierte Entspannung immer mal wieder aufgefrischt werden muss, sodass Ihr Hund sie auch unter starker Ablenkung zeigt. Nutzen Sie also die regelmäßigen Kuscheleinheiten, um Ihr Signal zu erhalten.

Ein Training lohnt sich – so haben Sie wieder Spaß an Spaziergängen.

25 Mein Hund ist im Training unkonzentriert

Wenn Sie mit Ihrem Hund draußen unterwegs sind und mit ihm trainieren möchten, findet er irgendwie alles andere spannender als Sie? Was können Sie tun, damit er sich auf Sie konzentriert und Sie zusammen üben können?

Den Blick einfangen

Viele junge oder unerfahrene Hunde sowie solche, die aufgrund ihrer Rasse sehr reizempfänglich sind, haben Probleme, sich länger auf ihren Halter und die jeweilige Übung zu fokussieren. Grundsätzlich sollte mit solchen Hunden zunächst in einer reizarmen Umgebung geübt werden. Geben Sie Ihrem Hund zu Beginn auch die Gelegenheit, ein paar Minuten die Umgebung wahrzunehmen. Lassen Sie ihn schnüffeln und umhergucken. Dann beginnen Sie mit dem Üben. Eine der grundlegendsten und sinnvollsten Übungen ist das Einfangen des spontanen Blickkontaktes des Hundes zum Halter. Leinen Sie Ihren Hund dazu an und geben Sie ihm ca. einen Meter Leinenlänge. Nun gehen Sie wenige Schritte geradeaus und bleiben kommentarlos stehen. Jetzt heißt es geduldig sein und warten, bis Ihr Hund von alleine seinen Blick zu Ihnen wendet. Helfen Sie ihm dabei nicht. Ziel ist es, dass Ihr Hund häufiger von selbst zu Ihnen schaut. Jeder kleine Blick von der Hüfte aufwärts zählt und wird von Ihnen sofort mit einem Leckerli bestätigt. Nutzen Sie dazu am besten einen Clicker oder ein Markerwort, damit Sie schnell genug sind, auch kurze Blicke zu Ihnen einzufangen. Warten Sie mehrere Wiederholungen ab und gehen Sie dann wieder ein paar Schritte weiter und wiederholen Sie das Ganze. Klappt die Übung in reizarmer Umgebung so zuverlässig, dass Ihr Vierbeiner binnen weniger Sekunden nach dem Stehenbleiben zu Ihnen schaut, verlagern Sie das Training in eine etwas weniger ruhige Umgebung. Ihr Hund wird lernen, dass es sehr sinnvoll ist, auf Sie zu achten. Diese Übung ist auch ein prima Einstieg für ein darauffolgendes Training. Achten Sie darauf, diese Übung nur draußen durchzuführen, um zu verhindern, dass Ihr Hund in der Wohnung in eine ungewollte Anspannung fällt.

Clicker oder Markerwort – Mit dem Clicker oder Markerwort können Sie auch ganz hervorragend den spontanen Blickkontakt während des normalen Spazierganges einfangen und fördern. Achten Sie dabei auf hochwertige Belohnungen. So wird Ihr Hund immer häufiger die Aufmerksamkeit auf Sie richten und Außenreize werden für ihn immer uninteressanter. Nach und nach wird der Einstieg in das Training für andere Übungen so immer leichter.

Mein Hund gibt seinen Ball nicht mehr ab

26

Oft rennt der Hund zwar gerne hinter einem geworfenen Ball oder Spielzeug her, aber beim Wiederbringen hapert es. Meistens läuft er mit dem Ball im Maul dann vom Halter weg und man bekommt ihn kaum zu fassen. Wie kann man das Zurückbringen üben?

Teilschritte üben

Außer vielen Vertretern der Kategorie Retriever ist das Zurückbringen und Abgeben von Dingen den meisten Hunden nicht in die Wiege gelegt. Der Spaßfaktor am Apportieren liegt bei vielen im Hinterherrennen der Beute. Das eigentliche Bringen muss häufig erst trainiert und schmackhaft gemacht werden. Ein zuverlässiger und schöner Apport besteht aus einer Handlungskette mit vielen Teilschritten:

- geduldiges Warten, in der Regel im Sitz, während der Mensch die Beute auslegt, versteckt oder wirft,
- auf ein Signal wie »Brings« zur Beute rennen,
- die Beute aufnehmen,
- mit der Beute zügig und auf direktem Weg zum Menschen laufen,
- die Beute dem Menschen in die Hand abgeben.

Am einfachsten lässt sich diese Handlungskette aufbauen, indem man mit dem letzten Kettenglied, also dem Abgeben der Beute in die Hand, beginnt.

Kennt der Hund diesen Schritt und führt ihn zuverlässig aus, wird er auch den vorherigen Schritt schnell verstehen, da er weiß, dass er belohnt wird, wenn er den Ball in die Hand abgegeben hat. So kennt er im Ablauf bereits immer den nächsten Teilschritt, da dieser zuvor trainiert wurde. Sehr geeignet für das Trainieren des ersten Schrittes sind Futterdummys, die mit Futter gefüllt und verschlossen werden können. Diese haben den Vorteil, dass sie durch das Futter attraktiv für den Hund erscheinen und gerne ins Maul genommen werden. Außerdem kommt der Hund nur mithilfe des Menschen an die innen liegende Belohnung, was das Zurückbringen und Abgeben zusätzlich fördert. Fangen Sie an, indem Sie den Futterdummy im Beisein Ihres Vierbeiners befüllen.

Findet der Hund gerade etwas interessanter als seinen Halter, dann wird es schwer, seine Aufmerksamkeit für sich zu gewinnen.

Schritt für Schritt

Lassen Sie Ihren Hund kurz aus dem Dummy fressen, bevor Sie ihn schließen.

Schritt 1 Nun halten Sie den Dummy auf seine Nasenhöhe und motivieren ihn, sich zu nähern. Achten Sie darauf, dass Sie ihm den Dummy nicht entgegenstrecken, sondern mit lockenden Bewegungen von ihm wegbewegen. Berührt Ihr Hund den Dummy mit der Schnauze, loben Sie ihn und lassen ihn wieder ein wenig daraus fressen. Hervorragend eignet sich zum punktgenauen Belohnen der Clicker. Clicken Sie im Verlauf des Trainings immer nur, wenn Ihr Hund den Dummy im Maul hat, und *nicht* beim Loslassen des Dummys. Das Ausgeben ergibt sich von selbst, wenn der Hund nach dem Click seine Belohnung erwartet (Seite 131).

Schritt 2 Nimmt Ihr Hund den Dummy zuverlässig, können Sie den Click schon ein wenig hinauszögern. Hält Ihr Hund den Dummy schon zwei bis drei Sekunden fest, nehmen Sie kurz Ihre Hand weg. Ihre Hand sollte aber wieder am Dummy sein, wenn Ihr Hund ihn ausgibt, d. h., wenn Sie clicken. Üben Sie diesen Schritt einige Tage lang, bis Ihr Hund den Dummy sicher festhält und erst loslässt, wenn Sie geclickt haben.

Signaleinführung – Verwenden Sie im Aufbau der Handlungskette noch nicht Ihr späteres Signal zum Bringen! Das kommt erst, wenn der Hund verstanden hat, was er tun soll, und das Verhalten sicher zeigt. Sichern Sie den Dummy, bis es zuverlässig klappt, unbedingt über eine Schleppleine, um zu verhindern, dass Ihr Hund damit wegläuft.

Schritt 3 Jetzt lernt Ihr Hund, den Dummy aktiv zu Ihnen zu bringen. Dazu bewegen Sie sich rückwärts von Ihrem Hund weg, wenn dieser den Dummy in der Schnauze hat, und motivieren ihn, Ihnen zu folgen. Bei diesem Übungsschritt hilft es, mit einem relativ hohen Tempo zu laufen, um zu verhindern, dass der Hund den Dummy frühzeitig fallen lässt. Klappt auch dieser Schritt gut, ist es Zeit, den Dummy vom Boden aufnehmen zu lassen.

Schritt 4 Setzen Sie Ihren Hund ab und sichern Sie den Dummy mit einer Leine. Entfernen Sie sich wenige Meter und legen Sie den Dummy mit einer Interesse weckenden Geste auf den Boden. Gehen Sie zu Ihrem Hund zurück und stellen Sie sich neben ihn. Lösen Sie das Sitzsignal nun auf und schicken Sie ihn zum Dummy. Motivieren Sie ihn so viel wie nötig, damit er zum Dummy läuft, ihn aufnimmt und dann auf Sie zuläuft. Sie können auch zuerst mit ihm gemeinsam ein paar Schritte in Richtung des Dummys laufen. Sobald Ihr Hund ihn aufgenommen hat, laufen Sie wieder rückwärts, um ihn zum Kommen zu bewegen. Üben Sie diesen Schritt so lange, bis Ihr Hund zuverlässig und eigenständig auf Ihr Auflösesignal und Ihre Geste hin den Dummy bringt.

Schritt 5 Nun folgt die Signaleinführung. Gestalten Sie den Übungsaufbau genau wie zuvor. *Bevor* Sie nun aber das Sitzsignal auflösen und zum Dummy zeigen, geben Sie Ihr Wunschsignal, z. B. »Brings«. Die Abfolge ist dann: »Brings« – Auflösesignal – Zeigegeste. Nach einigen Wiederholungen können Sie das Auflösesignal und die Zeigegeste weglassen und das Hörzeichen genügt.

Oben: *Das Apportieren ist schon eine große Freude, das Lob von Ihnen die Kür.*
Unten: *Fördern Sie das gemeinsame Miteinander.*

27 Mein pubertärer Hund reagiert nicht mehr auf meine Signale

Als Welpe war Ihr Hund sehr folgsam und hat Signale prima ausgeführt. Es war so schön und entspannt. Seit der Pubertät klappt jedoch kaum etwas. Sie haben das Gefühl, alles, was er gelernt hat, ist wie weggeblasen, und teilweise ignoriert er Sie regelrecht.

Seien Sie nachsichtig!

Die Pubertät ist sowohl für den Hund als auch für den Halter eine aufregende und durchaus anstrengende Zeit. Nicht wenige Halter werden durch das Verhalten ihres pubertierenden Hundes das ein oder andere Mal an den Rand der Verzweiflung gebracht. Im Grunde läuft es in der Pubertät darauf hinaus, sich bei Nichtausführung von Signalen zwei Fragen zu stellen: »Kann der Hund das Signal gerade nicht ausführen?« oder »Will der Hund das Signal gerade nicht ausführen?«. Je nachdem wie die Antwort lautet, wird entweder die Übung beendet und Sie bringen dem Hund die Übung neu, etwa durch Zwischenschritte, bei oder Sie bleiben am Ball und achten konsequent auf die Ausführung des Signals.

Trotz aller »Auseinandersetzungen« ist die Pubertät wichtig. Sie dient dem Erwachsenwerden. Es kommt zur Geschlechtsreife, wodurch sich beim Rüden der Testosteronspiegel und bei Hündinnen der Östrogenspiegel erhöht. Durch die Ausschüttung der Geschlechtshormone werden die jungen Hunde plötzlich auch mutiger und risikofreudiger. Zeigen Welpen altersbedingt noch die Tendenz, nahe bei ihren Bezugspersonen zu bleiben und schnell beeindruckt zu sein, so ist es bei Hunden im Rockeralter meist so, dass sie plötzlich große Distanzen zum Halter einnehmen oder auch einmal ganz weglaufen. Insgesamt sind sie durch den neuen hormonellen Status sehr viel eher dazu geneigt, Regeln und Strukturen zu hinterfragen, was dazu führt, dass bekannte Signale nicht mehr fraglos ausgeführt werden. Hier ist es wichtig, konsequent zu bleiben und dem Hund zu vermitteln, dass immer noch die gleichen Regeln gelten wie immer.

Neben der Entwicklung der geschlechtlichen Reife sind aber auch viele weitere hormonell

Wichtiger Entwicklungsprozess – Auch wenn die Pubertät Nerven kostet, ist es wichtig, dass Hunde diesen wichtigen Prozess zum Erwachsenwerden durchlaufen dürfen. Eine vorzeitige Unterbrechung durch eine Kastration nimmt dem Hund diese Chance und kann zu späteren Problemen führen. Abgeschlossen ist die Pubertät bei Hündinnen nach Ende der dritten Läufigkeit, bei Rüden der gleichen Rasse im entsprechenden Zeitraum.

gesteuerte Umbauprozesse in Gang, die nicht nur die körperliche Entwicklung beeinflussen, sondern durch die vor allem auch das Gehirn umstrukturiert wird.

Bedenken Sie, wie Ihr Welpe die letzten Monate alle Reize wie ein Schwamm aufgesogen hat, alle Orte, Menschen, Tiere, Geräusche, Gerüche usw. Genauso sorgfältig hat er auch alle Erziehungsmaßnahmen, Regeln und Strukturen im Zusammenleben mit Ihnen beachtet sowie alle Signale, die Sie ihm beigebracht haben. Sein Gehirn ist voll mit unzähligen Dingen. In seinem Alter sind die neuronalen Verknüpfungen aber noch nicht besonders stabil und je nach bisherigem Gebrauch sind die zukünftigen Datenautobahnen gerade einmal Trampelpfade.

Während der Pubertät wird nun überprüft, welche Lerninhalte und Verknüpfungen wirklich wichtig sind und einen festen Platz im Gehirn bekommen und welche unnütz sind und rausfliegen: Es wird also richtig entrümpelt und aufgeräumt. Wie auf jeder Baustelle kommt es dabei auch im Gehirn Ihres Hundes dazu, dass bestimmte Bereiche komplett abgebaut werden und andere kurzfristig wegen Umbau geschlossen sind. Unnütze neuronale Verknüpfungen gehen in der Pubertät ganz verloren, andere werden neu verschaltet und sind kurzzeitig außer Betrieb. Das bedeutet, dass Ihr Hund das Verhalten tatsächlich nicht zeigen kann oder sogar in alte, eigentlich schon überwundene ungünstige Verhaltensweisen zurückfällt. Wenn Ihr Hund das eigentlich schon bekannte Signal tatsächlich nicht ausführen kann, hilft es nur, zu warten und stattdessen erst mal etwas anderes mit ihm zu machen und darüber hinaus weiterhin für positive Lernerfolge zu sorgen. »Dranbleiben« ist also die Devise.

Bleiben Sie am Ball und beweisen Sie, dass Sie den längeren Atem haben. Bestehen Sie auf das Einhalten von Regeln. Auch ein gutes Management, um unerwünschte Verhaltensweisen verhindern zu können, gehört dazu. Es kann sein, dass Sie Ihren Hund lieber über eine Schleppleine absichern, um zu verhindern, dass er spontan selbst entscheidet, auf die Pirsch zu gehen. Sind Sie sich grundlegend unsicher, ziehen Sie den Hundetrainer Ihres Vertrauens zurate und lassen Sie sich in dieser schwierigen Phase unterstützen. Und keine Sorge: Durchhalten lohnt sich. Auch die Pubertät hat ein Ende, sogar schneller als bei uns Menschen. Die Pubertät beglückt Ihren Hund etwa zwischen dem sechsten und neunten Lebensmonat.

So kann es schon einmal laufen: Der Hund in der Pubertät hört einfach nicht.

28 Ohne Leckerli führt mein Hund keine Anweisung aus

Hundehalter haben manchmal das Problem, dass ihr Hund das Signal nur dann ausführt, wenn Herrchen oder Frauchen ein Leckerli in der Hand hat. Sonst verweigert er die Ausführung. Was kann man machen, um nicht immer Futter in der Hand halten zu müssen?

Reizkombination

Viele Signale werden über Locken trainiert. Dazu nimmt der Halter ein Leckerli in die Hand und lockt den Hund damit in die gewünschte Position. Zeigt der Hund das Verhalten zuverlässig, wird ein optisches oder akustisches Signal eingeführt. Hier kommt es recht häufig zu Missverständnissen zwischen Hund und Halter. Fehler im Timing führen beim Hund zu der Annahme, dass das Futter in der Hand Teil des Signals sein müsse. Das geschieht, wenn die Lockbewegung und das eigentliche Signal, z. B. das Hörzeichen »Sitz«, gleichzeitig gegeben werden. Um diese Reizkombination aufzulösen bzw. die Verknüpfung zu vermeiden, ist es wichtig, dass Sie das Hörzeichen und die Lockbewegung getrennt voneinander geben. Möchten Sie das Hörzeichen etablieren, das zuvor noch nicht bekannt war, gehen Sie wie folgt vor: Kennt der Hund das Locken bereits, geben Sie kurz vorher das von Ihnen gewünschte Signal und direkt im Anschluss (aber nicht gleichzeitig) machen Sie die Lockbewegung mit dem Futter. Achten Sie darauf, dass Sie wirklich erst mit der Lockbewegung beginnen, wenn Sie das Wort fertig ausgesprochen haben. Erst wenn der Hund die Handlung umgesetzt hat, bekommt er das Leckerchen. Die Lockbewegung und das Leckerchen werden dann systematisch ausgeschlichen. Halten Sie die Hand mit dem Leckerli beim Hörzeichen so, dass Ihr Hund nicht dadurch abgelenkt wird und das Wort eventuell gar nicht mitbekommt, weil das Futter seine ganze Aufmerksamkeit erregt. Wiederholen Sie den Vorgang mehrmals und Sie werden feststellen, dass Ihr Vierbeiner schon beginnen wird, auf das Wort zu reagieren, bevor Ihre Hand sich bewegt. Dies ist der Augenblick, wo die Lockbewegung mit dem Leckerchen ausgeschlichen wird. Die Geste wird immer kleiner und fällt dann ganz weg.

Fehler im Timing können beim Hund zu der Annahme führen, dass das Futter in der Hand Teil des Signals sein müsse.

Der Hund in der Öffentlichkeit – der kleine Hunde-Knigge

Ein spannendes Thema ist, wie »gesellschaftsfähig« sich der Hund verhalten sollte, wenn wir anderen Menschen begegnen oder Besuch bekommen. Und: Was hilft Ihnen als Hundehalter, um dabei entspannt zu bleiben?

29 Mein Hund bellt, wenn es an der Türe klingelt

Bellen gehört zur normalen Kommunikation des Hundes. Allerdings bellt Ihr Hund sich jedes Mal in Rage, wenn es an der Tür klingelt. Egal ob Sie Besuch bekommen oder es der Postbote ist, der Ihnen ein Paket vorbeibringt, Ihr Hund bellt durchgehend.

Verknüpfung lösen

Wenn das Bellen Ihres Hundes nicht nur ein Ankündigen, sondern ein permanentes Dauerbellen ist, dann kann Ihnen ein Klingeltraining helfen. Bringen Sie jedoch Geduld und gute Nerven mit, denn das Training kann sich je nach Ausprägung langwierig gestalten. Wenn Sie schnell aufspringen und hektisch zur Tür sprinten, sobald es an der Türe klingelt, wird das Verhalten Ihres Hundes eher verstärkt. Daher sollten Sie ruhig und souverän bleiben.

Während der Trainingsphase bringen Sie am besten eine Notiz an der Haustür an, die Besucher darauf hinweist, dass Sie sich gerade im Training befinden und es länger dauert, bis Sie die Tür öffnen können. Ist das unerwünschte Verhalten Ihres Hundes schon sehr gefestigt, kann es zudem auch helfen, den Ton der Türklingel zu ändern und dann erst mit dem Training zu beginnen. Fragen Sie Freunde, Verwandte oder Nachbarn, ob sie Sie beim Training un-

Übernehmen Sie seinen Job an der Tür …,

terstützen könnten, indem sie einfach an Ihrer Tür klingeln. Öffnen Sie die Tür vorerst nicht, denn Ihr Hund soll die Türklingel erst einmal als etwas Normales erleben. Die Verknüpfung, dass Sie nach dem Klingeln zur Tür rennen, sollte sich bei ihm lösen. Sie bleiben stattdessen entspannt sitzen oder beschäftigen sich mit was Alltäglichem. Beobachten Sie aber weiterhin Ihren Hund, denn gerade bei diesem Training ist es wichtig, ruhiges Verhalten mit den zuvor bereitgelegten Leckerbissen zu bestätigen.

Sie können Ihrem Liebling auch einen festen Platz zuweisen, auf dem er sich entspannen soll. Sie sollten Ihrem Hund antrainieren, dass er zuverlässig auf ein Signal hin dorthin geht. Dieses Training ist für viele verschiedene Situationen von Vorteil, denn im Restaurant oder wenn Besuch kommt, ist es praktisch, dem Hund einen bestimmten Ort zuweisen zu können. Die Decke Ihres Hundes können Sie auch sehr gut mit dem Gefühl der Entspannung verknüpfen, was besonders hilfreich sein kann, wenn Ihr Hund schlecht Ruhe findet oder stark angespannt ist. Hierzu wird das Auf-die-Decke-Schicken mit der Entspannung kombiniert. Der Hund sollte es nie als Strafe erfahren, auf die Decke geschickt zu werden, sondern sich gerne darauf niederlegen. Im Zweifel nehmen Sie lieber eine neue Decke.

Jetzt sollten Sie eine sehr genaue Zieldefinition erstellen. Überlegen Sie sich, was genau Ihr Tier auf Ihr Signal hin tun soll.

Mögliche Zieldefinition

1. Was soll Ihr Hund tun? Auf Ihr Signal hin soll sich Ihr Hund umgehend auf die Decke legen und sich entspannen.
2. Wo soll er es tun? Überall da, wo Sie Ihren Hund auf die Decke schicken möchten.
3. Wann soll Ihr Hund das tun? Sobald er das von Ihnen gewählte Signal hört.

… so kann sich Ihr Vierbeiner entspannen.

4. Wie lang soll er das tun? Bis er von Ihnen ein Folge- oder das Auflösesignal erhält.

Haben Sie Ihr Feinziel definiert, können Sie mit dem Training beginnen. Achten Sie auf ausreichend Leckerbissen, eine neutrale Decke und gute Stimmung bei Ihnen und Ihrem Hund. Legen Sie die Decke an eine Stelle, an der Ihr Hund gerne liegt, setzen Sie sich neben die Decke und motivieren Sie Ihren Hund, auf diese zu kommen, indem sie Leckerlis darauflegen. Durch häufige Wiederholungen wird Ihr Hund schnell eine Verknüpfung herstellen. Wenn Sie sein Verhalten zuverlässig hervorrufen können, können Sie auch ein Signal einführen. Führen Sie dieses unmittelbar vor dem Auslegen der Leckerli ein. Lassen Sie Ihren Hund zu Beginn des Trainings noch nicht weiter alleine auf der Decke liegen oder ihn selbstständig den Platz verlassen, sondern geben Sie ihm ein Auflöse- oder Folgesignal. So lernt Ihr Hund gleich von Beginn an, auf der Decke zu bleiben und sie erst zu verlassen, wenn ein neues Signal ertönt.

30 Beim Spazierengehen läuft mein Hund direkt auf andere Menschen zu

Freudig läuft Ihr Hund zu fremden Menschen, um sich von ihnen Streicheleinheiten abzuholen? Ihr Hund rennt direkt auf Passanten zu oder springt sie im schlimmsten Falle sogar an?

Rückruf trainieren

Sie sollten hier an mehreren Stellen arbeiten, zum einen am sicheren Abruf, zum anderen sollten Sie mithilfe von Trainingspartnern Ihrem Hund mitteilen können, dass bei anderen Menschen nichts Spannendes passiert. Ihr Hund sollte seinen Fokus möglichst auf Sie legen. Zunächst befestigen Sie eine Schleppleine am Geschirr Ihres Hundes. Die Leine sollte locker auf der geöffneten Handinnenfläche liegen, die zweite Hand reguliert, ob Leine gegeben oder aufgenommen werden muss. Die Schleppleine darf nicht gespannt sein, sondern muss immer locker bleiben – am besten in U-Form hängend. Arbeiten Sie mit unterschiedlichen Distanzen, sodass sich Ihr Hund nicht an einen bestimmten Radius gewöhnt. Rufen Sie nun Ihren Hund freundlich mit Ihrem Abrufsignal. Kommt er freudig zu Ihnen gelaufen, wird er von Ihnen

Nicht jeder mag Hunde, achten Sie auf Ihre Mitmenschen.

möglichst hochwertig belohnt. Sollte er nicht auf Ihr Rückrufsignal reagieren, wird von Ihnen die Leine sofort aufgenommen (nicht gezogen!) und dadurch gespannt. So bewirken Sie, dass Ihr Hund nicht an sein Ziel kommt, wenn er Ihren Wunsch des Abrufs verweigert. Entspannen Sie die Schleppleine wieder, wenn Ihr Hund abwartet, und rufen Sie erneut freundlich mit Ihrem Rückrufsignal. Kommt Ihr Hund nun zu Ihnen, loben Sie ihn umgehend.

Trainieren Sie den Rückruf jetzt an verschieden Orten und mit langsam steigenden Reizen, bis er nahezu hundertprozentig klappt. Dann ist der Zeitpunkt gekommen, ab dem Sie die Schleppleine als Hilfsmittel wieder ausschleichen, indem Sie auf immer leichter werdende Schleppleinen wechseln. Nehmen Sie zum Beispiel eine Wäscheleine. Das Material ist leicht, dünn und schlängelt sich gut an Büschen und Sträuchern vorbei, außerdem ist es eine kostengünstige Alternative. Sobald Sie den Eindruck haben, dass Ihr Hund zuverlässig in jeder Entfernung reagiert, kürzen Sie die Schleppleine ein kleines Stück, bis sie komplett wegfallen kann und Sie wieder auf die normale Leine umsteigen.

Den Fokus auf Sie!

Parallel sollten Sie daran arbeiten, dass Ihr Hund, sollte er doch einmal erfolgreich zu einem anderen Menschen rennen, dafür keine positive Bestätigung erfährt. Eine Belohnung der anderen sollte ausgeschlossen werden. Fragen Sie Freunde, Nachbarn oder Passanten, ob Sie bereit wären, Ihnen als Trainingspartner zur Verfügung zu stehen. Stellen Sie eine typische Situation nach, in der Sie beispielsweise auf einer Wiese mit Ihrem Hund spielen, während Ihr Trainingspartner zufällig an Ihnen vorbeispaziert. Rennt Ihr Liebling los, um den anderen Menschen zu begrüßen, sollte Ihr Trainingspartner ihn komplett ignorieren, also weder ansehen noch ansprechen oder gar anfassen. Sie sollten Ihren Hund frühzeitig abrufen. Belohnen Sie Ihren Hund mit einem besonders guten Leckerchen, wenn er sich für das Zurückkommen entschieden hat.

Trainieren und wiederholen Sie diese Übung sooft es geht, denn mit den Wiederholungen erreichen Sie Konsequenz und Klarheit. Ihr Hund lernt, dass Sie spannender sind als andere Menschen. Beschäftigen Sie ihn zudem mit kleinen Aufgaben während des Spaziergangs. Fordern Sie ihn zwischendurch immer zu kleinen Übungen und Trainingseinheiten auf – nutzen Sie zum Beispiel Bänke oder Baumstämme zum Kriechen und Springen. Verstecken Sie Futter oder Spielzeug und lassen Sie Ihren Hund danach suchen. Spielt Ihr Hund gerne, animieren Sie Ihn zu einem Tauziehen mit einem Zergel. Auch das Trainieren von neuen oder das Wiederholen von bekannten Signalen trägt zum gemeinsamen Spaß auf dem Spaziergang bei. Je abwechslungsreicher Sie die Spaziergänge gestalten, desto eher werden andere Menschen uninteressant für Ihren Hund und Sie werden für ihn zu dem spannendsten Menschen.

Safety first – Beim Training mit der Schleppleine sollten Sie unbedingt Handschuhe tragen, um Verletzungen durch die Leine zu vermeiden. Denn gerade bei stark ziehenden Hunden oder solchen, die sich spontan in die Leine werfen, kann es zu sehr unangenehmen Verbrennungen kommen, wenn die Leine zu sehr an der Haut reibt.

31 Mein Hund springt mich und auch Besucher übermütig an

Ihr Hund springt Sie an, sobald Sie Ihre Wohnung betreten? Ihr Besuch kann nicht in Ruhe eintreten, da Ihr Hund sofort mit Herumtollen seine Wiedersehensfreude ausdrückt? Ihr Hund zeigt auf hündische Weise, dass er sich freut, aber wie kann die Begrüßung etwas gesitteter ablaufen?

Richtig loben!

Untereinander würden sich bekannte Hunde wahrscheinlich durch ein gegenseitiges Lecken der Mundwinkel begrüßen. Unsere Mundwinkel befinden sich allerdings nicht auf der Höhe eines Hundekopfes, daher kommt es gerne zum Hochspringen. Sicherlich würden wir auch aus hygienischen Gründen ein Ablecken des Gesichtes abwehren. Um das Verhalten des Hundes zu ändern, legen Sie sich ein paar Leckerchen zurecht. Wurde Ihr Hund von Ihnen bereits auf einen Clicker konditioniert, können Sie diesen gerne als sekundären Verstärker für das Training nutzen. Der Vorteil des Clickers ist, dass Sie das richtige Verhalten deutlich punktgenauer positiv verstärken können. Wenn Sie Ihre Wohnung oder den Raum verlassen und nach kurzer Zeit wieder betreten, wird Ihr Hund Sie vermutlich vor Freude anspringen. Ignorieren Sie ihn in einem solchen Augenblick. Dabei sollten Sie Ihn weder anschauen noch ansprechen oder anfassen. Ihr Hund wird merken, dass sein Verhalten nicht zum Erfolg führt, und ein alternatives Verhalten zeigen. Viele Hunde setzen sich dann einfach hin.

Wichtig ist, dass Sie Ihren Hund, sobald er das gewünschte Verhalten zeigt, umgehend positiv bestärken. Überlegen Sie sich, was Ihr Hund tun soll, wenn Sie zur Tür hereinkommen. Legen Sie den gedanklichen Fokus auf das Positive. Wiederholen Sie die Übung möglichst häufig.

Achten Sie unbedingt darauf, dass Sie keine Handlung bestätigen, die zeitlich unmittelbar NACH dem Anspringen erfolgt, sonst lernt Ihr Hund, dass er erst anspringen muss, um dann belohnt zu werden.

Für Besucher – Hilfreich kann es sein, wenn Sie auch Ihre Besucher mit einigen Leckerlis ausstatten. Sobald nun Ihr Hund auf den Besuch zustürmt und hochspringen möchte, muss dieser schnell reagieren und die Leckerlis vor die Hundenase halten. Möchte Ihr Hund diese fressen, sollte Ihr Besuch die Hand schließen, und erst wenn Ihr Hund ruhig mit allen Pfoten auf dem Boden steht, öffnet sich die Hand.

Die Hände ablecken

32

Sie bekommen Besuch und der wird von Ihrem Hund freudig beleckt? Jeder Mensch, der bei Ihnen und Ihrem Hund steht, wird von ihm abgeschleckt? Nicht jeder nimmt diesen Willkommensgruß herzlich auf.

Viele mögliche Ursachen

Rufen Sie Ihren Hund zu sich und lassen Sie ihn sich bequem hinlegen. Er sollte den Besuch nicht bedrängen. Sobald der Hund Ihre Gäste doch beleckt, sollten sie ihn nicht streicheln. Stattdessen setzen Sie ihn ein wenig weiter vom Besuch ab. Die Integration des Hundes ist aber dennoch wichtig, damit seine Erregungslage sinkt, und folglich das Bedürfnis des Leckens. Denn dieses kann u. a. folgende Ursachen haben:

- Ihr Hund hat das Bedürfnis, Körperpflege zu betreiben. Das machen Hunde sowohl untereinander als auch bei Menschen. Je nach Parfüm, Creme, Körpergeruch ist die Verlockung größer oder kleiner. Auch spielt die emotionale Nähe zur jeweiligen Person oder zum jeweiligen Hund eine Rolle.
- Ihr Hund kommuniziert über den Geschmack. Über die Zunge erfährt er jede Menge über Sie und Ihren Besuch. Das ist fast schon wie Zeitunglesen.
- Ihr Hund beschwichtigt. Vielleicht ist es ihm zu aufregend mit Gästen im Haus und er möchte sich selbst sicherer fühlen.
- Auch kann das Abschlecken erlerntes Verhalten sein, weil er weiß, dass er so Ihre Aufmerksamkeit bekommt. Diese Strategie verhilft ihm dazu, dass er trotz Gästen im Haus auch miteinbezogen wird.
- Lecken kann auch ein Zeichen von Stress sein. Das monotone Lecken baut Anspannung ab.

Sie sehen auch hier: Einem Verhalten können verschiedene Emotionen und Stimmungen zugrunde liegen. Schauen Sie sich den Gesamtkontext an und analysieren Sie die Stimmung des Hundes. Dabei kann Ihnen auch die restliche Körpersprache, Ohren, Rute, Fell, Blick und Körperhaltung, Aufschluss darüber geben, wie es Ihrem Hund geht.

Aus Sicht des Hundes freundlich gemeint, aber nicht jeder findet es angenehm.

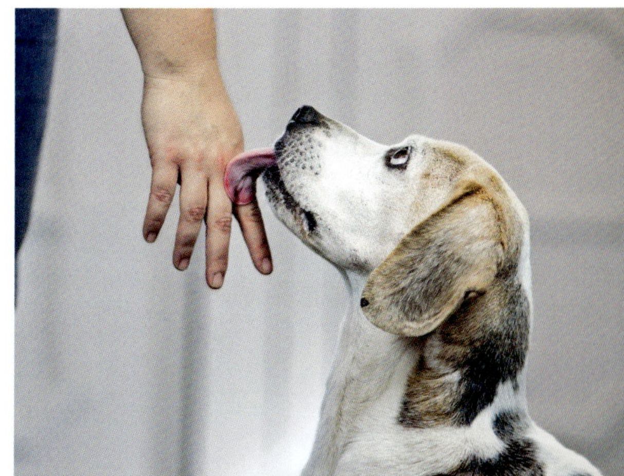

33 Gegenüber Kindern ist mein Hund zu übermütig

Sie gehen spazieren und Ihr Hund möchte lieber auf der Wiese mit spielenden Kindern toben? Sie wollen Ihren Hund jedoch langsam auf die Kinder zulaufen lassen oder ihn sogar aus dem Lauf stoppen? Gewöhnen Sie ihm das langsame Gehen an.

Kontrolliert laufen

Kinder und Hunde sind eine tolle Kombination, wenn einige Regeln von Ihnen und Ihrem Hund berücksichtigt werden. Gerade junge Hunde wissen manchmal Ihre Kraft nicht einzuschätzen. An dieser Stelle sind Sie als Hundehalter gefragt, denn Sie sollten Ihren Hund in jeder Situation richtig einschätzen können. Wenn Ihr Hund plötzlich zu tobenden Kindern stürmen will, kann Ihnen ein Signal für langsames Laufen oder ein Stoppsignal helfen, um Ihren Hund kontrolliert laufen zu lassen.

Trainieren Sie das langsame Gehen

Gehen Sie während des Spaziergangs temporär immer mal wieder für einige Meter langsamer. Ihr Hund wird die langsamere Geschwindigkeit registrieren und sich an Ihnen orientieren. Läuft er langsam mit, loben Sie ihn. Wird er schneller, ignorieren Sie das ohne Lob und beginnen Sie die Übung erneut. Erst wenn der Hund routiniert mit Ihnen läuft, führen Sie das Signal »Langsam« ein, unmittelbar bevor Sie selbst langsamer werden. Hat der Hund

Rufen Sie Ihren Hund rechtzeitig ab, wenn er auf Kinder zustürmt.

das Signal verstanden, werden Sie bemerken, dass Sie selbst Ihr Lauftempo beibehalten können, Ihr Hund jedoch von sich aus langsamer geht. Beginnen Sie, Ihren Hund bewusst länger langsam laufen zu lassen, und setzen Sie ihn mehr Reizen aus, sodass er lernt, auch bei Ablenkungen richtig auf das Signal zu reagieren. Aber alles Schritt für Schritt.

Klappen diese ersten Schritte, etablieren Sie das Signal auf die Entfernung. Eine Schleppleine eignet sich zu Beginn zur Absicherung. Ihr Hund sollte ein Geschirr tragen, an dem die Schleppleine befestigt wird. Lassen Sie Ihren Vierbeiner ein kleines Stück vor Ihnen laufen und geben Sie Ihm das Signal »Langsam«. Reagiert er mit dem erwünschten Verhalten, bestätigen Sie das umgehend. Spricht Ihr Hund hingegen nicht auf Ihr Signal an, nehmen Sie die Schleppleine auf und gehen Sie langsamer. Passt er sich Ihrem Tempo an, entspannen Sie die Leine umgehend wieder und loben Sie das korrekte Verhalten. Dabei sollte Ihr Hund überwiegend richtig reagieren und die Übungen erfolgreich ausführen. Wenn Sie aber feststellen, dass er zu oft Ihr Signal »überhört«, so kann es sein, dass die Ablenkung zu Beginn des Trainings zu hoch oder der Abstand zu Ihnen schon zu groß ist. Bauen Sie lieber viele kleinere Zwischenschritte ein. Manchmal kann eine Verlängerung des Leinenradius um fünf Zentimeter schon zu viel sein. Haben Sie Geduld und bleiben Sie kleinschrittig bei Ihrem Training.

Trainieren Sie das Stoppsignal

Die Stoppübung lässt sich sehr leicht in Ihren Alltag integrieren. Sie benötigen dafür nur ein paar Leckerli. Diese halten Sie in Ihrer Hand und positionieren den Hund so, dass er wie in der »Bei Fuß«-Position neben Ihnen läuft. Sie gehen ein paar Schritte. Die Hand, in der Sie die Leckerli halten, halten Sie an seine

Bringen Sie Ihrem Hund bei, auf ein Signal hin stehen zu bleiben!

Schnauze und führen ihn damit weiter. Bleiben Sie dann stehen. Tut dies auch Ihr Hund und steht er mit allen vier Pfoten sicher auf dem Boden, so öffnen Sie Ihre Hand und Ihr Hund darf die Leckerchen fressen. Das richtige Verhalten wird hier also wieder umgehend belohnt. Sie wollen Ihrem Hund vermitteln, dass Stehen lohnenswert ist. Wiederholen Sie die Übung einige Tage lang mehrere Mal. Sitzt das Verhalten zuverlässig, so führen Sie das Signal »Stopp«, unmittelbar bevor Sie selbst stehen bleiben, ein. Auf Dauer können Sie dann variabel nach der richtigen Durchführung Ihres Signals das Verhalten Ihres Hundes bestätigen. Das bedeutet, dass Ihr Vierbeiner nicht jedes Mal die gleiche Art von Belohnung bekommt, sondern sie noch attraktiver für ihn wird, wenn Sie die Belohnung nach den Regeln des Spielautomaten einsetzen. Dies bedeutet, dass der Hund nicht weiß, was und wie er etwas bekommt. Das macht den Reiz bei Spielautomaten aus, man weiß nie, was kommt.

34 Wie anderen vermitteln, dass sie meinen Hund nicht anfassen sollen?

Viele Menschen finden andere Hunde einfach nur niedlich und wollen sie am liebsten sofort streicheln. Sie erfahren hier, wie Sie Ihrem Hund in solchen für ihn unangenehmen Situationen helfen können.

Sicherheit vermitteln

Sie können Ihrem Hund auf verschiedene Weisen zur Seite stehen, damit er von fremden Menschen nicht berührt, gefüttert oder angesprochen wird. Weisen Sie fremde Person mit ruhiger, freundlicher, aber bestimmter Stimme darauf hin, dass Ihr Hund nicht angefasst werden möchte. Nutzen Sie hierfür klare, kurze Ansagen, wie z. B. »Stopp! Bitte nicht anfassen!«. Zudem können Sie Ihrem Hund beibringen, dass er hinter Sie geht und sich dort hinsetzt, sobald Fremde auf ihn zugehen. So können Sie Ihrem Hund Sicherheit geben, da Sie schützend vor ihm stehen.

Für das Training suchen Sie sich zunächst einen ruhigen Ort, an dem Ihr Hund nicht so stark abgelenkt wird. Hier können Sie mithilfe eines Motivationsmittels die gewünschte Handlung hervorrufen. Nehmen Sie in eine Hand ein Leckerli und lassen Sie Ihren Hund daran schnuppern. Dann führen Sie die Hand langsam hinter Ihren Rücken. Ihr Hund sollte Ihrer Hand folgen, sodass er hinter Ihnen steht. Ziehen Sie Ihre Hand leicht nach oben, um Ihren Hund in eine sitzende Position zu bringen. Sobald er sitzt, bestätigen Sie ihn für das richtige Verhalten. Das Signal führen Sie ein, wenn Ihr Hund die Handlung verinnerlicht hat. Beginnen Sie, das Signal in unterschiedlichen Situationen zu festigen, steigern Sie die ablenkenden Reize jedoch langsam. Eine weitere Möglichkeit, Ihren Hund vor unerwünschten Kontakten zu schützen, ist die Kampagne »Gelber Hund«. Diese Kampagne wurde 2012 von der Schwedin Eva Oliversson ins Leben gerufen und wird inzwischen in zehn Ländern aktiv verbreitet. Hierfür wird einem Hund eine gelbe Schleife oder ein gelbes Halstuch umgebunden, um so anderen Menschen zu signalisieren, dass dieser Hund einen größeren Abstand benötigt.

Übernehmen Sie die Verantwortung, entspannt das Ihren Hund.

Entspannte Restaurantbesuche mit Hund – was kann ich tun?

35

Ihr Hund ist im Restaurant sehr unruhig und bleibt schlecht auf seiner Decke liegen. Sie trauen sich mit Ihrem Hund keinen Café- oder Restaurantbesuch zu? Ihr Hund wirkt unruhig und gestresst, wenn Sie mit Freunden im Café sitzen?

Stressanzeichen

Ein entspannter Restaurantbesuch mit Ihrem Hund ist eine tolle Sache. Von Vorteil ist es hierfür, wenn Ihr Hund bereits ein Deckentraining absolviert hat und zuverlässig auf seinen Platz geht. Damit kommen Sie dem entspannten Besuch im Café oder Restaurant schon einen gewaltigen Schritt näher. Bevor Sie mit dem Training im Restaurant anfangen, sollten Sie Ihrem Hund einen ausgiebigen Spaziergang mit genügend körperlicher und geistiger Auslastung gönnen. Ist Ihr Hund gut ausgelastet, wird er deutlich entspannter sein und den Besuch im Café oder Restaurant als Möglichkeit zum Ausruhen nutzen. Suchen Sie sich für den ersten Besuch eine Location aus, die nicht zu stark frequentiert ist. Ihren Sitzplatz sollten Sie so wählen, dass Ihr Hund möglichst ungestört ruhen kann und er nicht im Durchgangsbereich liegt. Für den Anfang halten Sie sich nur kurz in dem Restaurant oder Café auf, um Ihren Hund mit der neuen Situation entspannt vertraut zu machen. Verlängern Sie stückweise die Zeit und beobachten Sie dabei Ihren Hund, um mögliche Stressanzeichen sofort zu erkennen und rechtzeitig das Training zu beenden. Geben Sie Ihrem Hund während der Zeit im Café oder Restaurant einen Kauartikel oder einen Kong, um ihn zusätzlich noch etwas zu beschäftigen, falls er nicht schlafen möchte. Achten Sie aber zum Wohle der anderen Gäste darauf, dass der Leckerbissen nicht zu stark riecht oder beim Kauen knackt. Zudem sollten Sie auch dafür sorgen, dass Ihr Hund niemals vom Tisch aus gefüttert wird, denn gerade Betteln ist ein absoluter Unruhefaktor und auch nicht für jeden Gast ein schöner Anblick. Jetzt steht Ihrem entspannten Besuch im Restaurant nichts mehr im Weg.

Ihr Hund kann auch angeleint unter dem Tisch entspannen.

Knurren, Zähne fletschen, raufen – Aggressionen beim Hund

Aggressive Hunde werden oft als »böse« angesehen. Dabei sollte jeder Hund Aggressionen zeigen können, da sie zu seinem normalen Kommunikationsrepertoire gehören. Hier erfahren Sie, wie Sie mit Drohverhalten Ihres Vierbeiners umgehen können.

Mein Hund knurrt oft und fletscht seine Zähne

36

Hunde knurren und zeigen auch Zähne – es gehört zu ihren normalen Umgangsformen mit Artgenossen und Menschen. Auf den ersten Blick wirkt Aggressionsverhalten für viele Menschen beängstigend. Aber Aggressionen verfügen naturgemäß über einen Sinn und helfen beim sicheren Überleben.

In Maßen normal

Aggressionen zeigt Ihr Hund, um eine Distanzvergrößerung zum »feindlichen Objekt« herzustellen. Getreu dem Motto »So wenig wie möglich, aber so viel wie nötig« entscheidet er situativ, wie viel Einsatz seinerseits nötig ist. Ihren Hund für Aggressionsverhalten zu bestrafen ist sinnlos, er würde temporär sein Bedürfnis unterdrücken und es zu einem späteren Zeitpunkt ausleben – und das möglicherweise unangemessen stark. Ein Kunde bat uns, seinem Hund das Knurren abzugewöhnen. Ein wenig übertrieben – um zu verdeutlichen, was passiert, wenn das Aggressionsverhalten unterdrückt wird – antworteten wir: »Das können wir gerne machen, aber dann beißt er sofort.«
Ist die Körperhaltung des Hundes nach vorne ausgerichtet und macht er sich groß, so fühlt er sich sicher. Wenn er hingegen ängstlich ist, hat er eine in sich gekehrte Körperhaltung und zeigt Fluchttendenzen. Ein gesunder und gut sozialisierter Hund teilt Ihnen mit, dass er sich durch die Anwesenheit einer anderen Person oder eines anderen Tieres nicht gut fühlt. Wenn Sie Sorge haben, dass Ihr Hund schnappen könnte, nutzen Sie einen Maulkorb (siehe Seite 132 f.), um den Hund – bis Ihr eigentliches Training mit einem Hundetrainer greift – in stressigen Situationen angstfrei halten zu können. Ihr Tier spürt, wenn Sie unsicher sind, und fühlt sich dann in der Verantwortung, was sein aggressives Verhalten nur fördert. Mit einem Maulkorb haben Sie Gewissheit, dass Ihr Hund keinen Schaden anrichten kann. Damit ist das Problem in der jeweiligen Situation nicht gelöst, aber Sie führen den Hund mit mehr Sicherheit und er lernt, dass Sie einen Plan haben. Beziehen Sie bitte einen Hundetrainer in das Training mit ein.

Hunde können sehr subtil Aggressionsverhalten zeigen.

37 Zeigt mein Hund Spielverhalten oder ist er aggressiv?

Ob Hunde wirklich spielen oder aggressiv sind, können Sie daran erkennen, welches Verhalten sie sonst noch zeigen. In einem gesunden Spiel werden viele Verhaltensweisen sehr übertrieben dargestellt und die Rollen der Hunde wechseln sich ab.

Spielverhalten erkennen

Beim Spielverhalten nutzen Hunde alle ritualisierten Ausdrucksformen der Körpersprache und Mimik, die ihnen zur Verfügung stehen. Der Hund setzt seinen ganzen Körper ein. Das Spiel bringt ihm pure Freude, trainiert den Hund aber auch. Er kann sich ausprobieren und austesten, wie andere auf ihn und seinen Körpereinsatz reagieren. Das beinhaltet auch, dass er während des Spiels Verhaltensweisen zeigt, die mit dem momentanen Kontext gar nichts zu tun haben. So können Sie beispielsweise Jagdsequenzen oder auch aggressive Verhaltensweisen beobachten. Gerade wenn sie übertrieben dargestellt werden, können Sie sich sicher sein, dass der Hund keine echte Aggression zeigt. Dann würde er nämlich immer nur so viel Körpereinsatz zeigen wie nötig und seine Energie nicht sinnlos verpulvern. Folgende Verhaltensweisen deuten auf Spielverhalten hin:

- Tiefstellung des vorderen Körpers
- Alle Mitspieler sind genauso entspannt wie der eigene Hund.

Richtiges Spielen ist nur möglich, wenn Hunde entspannt sind.

- Rollentausch: Der Jäger wird mitten im Spiel zum Gejagten. Ein mehrmaliger Wechsel ist zu beobachten.

Über das bekannte Spielgesicht (Grinsen, Schnäuzeln, Licking Intention) sowie über Hüpfen, Rennen, Kopf-in-die-Luft-Schmeißen und Pföteln drücken Hunde aus, dass sie in einer positiven Spielstimmung sind. Auch halten sich die Spielpartner gut im Blick. Spielverhalten ist nicht vorhersehbar. Sie wissen nie, welche Bewegung Ihr Hund als Nächstes zeigen wird.

Echte Aggressionen?

Natürliches Aggressionsverhalten hingegen unterliegt ritualisierten Stufen, die sich wie folgt aufbauen:

- Drohverhalten (defensiv/offensiv, siehe unten)
- gehemmter Angriff
- ungehemmter Angriff

Hunde zeigen Aggression in Abstufungen. Das hat den Vorteil, dass Sie anhand der Intensität seiner Körpersprache auch seine Stimmung erkennen können.

Aggressionsverhalten dient der sozialen Kommunikation in der Gruppe. Aggressionen zeigt ein Hund nicht zum Spaß, sondern um Verletzungen zu vermeiden. Dabei gibt es mehrere Stufen: von Imponierverhalten unter gleichgeschlechtlichen Partnern bis hin zu Angriffsformen, die reale Beschädigungsabsicht beinhalten können. Jeder gesunde und sozialisierte Hund zeigt in der jeweiligen Situation nur so viel Droh- oder Angriffsverhalten, wie es in der Situation erforderlich ist Um eine Orientierung zu bekommen, was der Hund ausdrückt, schauen Sie sich zwei Formen des Drohens an:

Defensives Drohen: Sie erkennen, dass der Hund eine nach hinten gerichtete Tendenz aufzeigt. Sein Körperschwerpunkt befindet sich auf den Hinterläufen, die Kopfhaltung ist bedeckt und die Kopfhaut nach hinten gezogen. Die Ohrwurzeln bewegen sich Richtung Hinterkopf und liegen seitlich eng am Kopf an. Die Stirn ist glatt, die Augen rund, der Nasenrücken gekräuselt und das Maul weist eine V-förmige Spalte auf. Der Hund bleckt die Zähne. Die Rute ist unter Spannung seitlich oder nach unten gerichtet. Erkennen Sie einen solchen Hund, ist sein Drohen aus Angst/Unsicherheit heraus motiviert. Dennoch ist das Tier verteidigungsbereit.

Offensives Drohen: Es kündigt die Bereitschaft an, selbstsicher anzugreifen. Die Körpersprache des Hundes ist nach vorn gerichtet, der Körperschwerpunkt liegt auf den Vorderläufen. Die Kopfhaut ist nach vorn gezogen, sodass die Ohren aufgestellt oder die Schlappohren nach vorne gedrückt werden. Die Stirn ist gerunzelt, die Augen sind mandelförmig und der Blick ist fixierend. Der Nasenrücken ist gekräuselt und die Maulspalte weist eine C-Form auf. Die Zähne werden gebleckt. Das Fell stellt sich auf und die Rute bewegt sich entweder langsam im oberen ¼ über der Wirbelsäule hin und her oder steht in einer Linie zum Rücken.

Am besten einen Bogen um den Hund machen – Drohverhalten muss nicht lange anhalten, oftmals sind es Sekunden. Oft folgt ein gehemmter Angriff. Erkennen Sie Drohverhalten, kann es schon helfen, wenn Sie einen größeren Bogen laufen und Ihr Hund nicht zu nah an andere muss. Sie erkennen dann meist anhand der Körpersprache schon, dass Ihr Hund ruhiger wird.

38 Will ich meinem Hund etwas wegnehmen, knurrt und schnappt er

Ist einem Hund Futter nicht so wichtig, so wird es ihm wahrscheinlich nicht stören, wenn ein Artgenosse entspannt einen halben Meter neben ihm liegt und genüsslich einen Knochen kaut.

Eine Vertrauensfrage

Wenn Sie neben dem Napf stehen können und der Hund friedlich weiterfrisst, ist er entspannt und hat keinerlei Bedenken, dass er seine Ressource bewachen oder gar verteidigen müsste. Alles andere wäre Stress. Denn wenn er Sorge hätte, dass Sie oder andere ihm sein Fressen wegnehmen wollten, bringt ihn das – zumindest situativ – aus dem Gleichgewicht. Hunde verteidigen Ressourcen, wenn Sie Angst haben, diese zu verlieren. Unterstützen Sie Ihren Hund, indem Sie ihm vermitteln, dass Sie nicht vorhaben, ihm etwas zu entwenden – und wenn doch, dann kann er sich sicher sein, dass es einem guten Zweck dient und er dennoch etwas davon hat. Aus seiner Angst soll Gelassenheit werden.

Befüllen Sie den Hundenapf mit etwas Futter, und während Ihr Tier frisst, nähern Sie sich langsam und freundlich. Ihr Hund sollte Sie wahrnehmen, aber keine negative Erregung zeigen. Knurrt er beispielsweise, so sind Sie zu nah gekommen. Entfernen Sie sich wieder, bis er ruhig weiterfrisst. Werfen Sie ihm durch eine langsame Handbewegung hochwertigeres Futter als das, was er gerade frisst, zusätzlich in den Napf. Ihr Hund lernt nun, dass er vor Ihnen nichts zu befürchten hat, sondern Sie sogar noch einen Bonus »on top« legen. Wiederholen Sie das einige Male – auch über ein paar Wochen. Ihre Anwesenheit wird den Hund mehr und mehr entspannen. Achten Sie auf Ihre Körperhaltung. Ihr Hund soll sich nicht bedroht fühlen und Sie selbst sollten während der Übung in ausgeglichener Stimmung sein.

In den nächsten Schritten können Sie sich dann auch schon direkt neben den Napf setzen und ihn anschließend berühren und bewegen. Nach einiger Zeit werden Sie den Napf auch hochnehmen können. Stellen Sie ihn wieder zurück zu Ihrem Hund und werfen Sie wieder eine zusätzliche Belohnung in den Napf.

Individuelle Prioritäten – Wenn ein Hund Ressourcen verteidigt, heißt es nicht, dass er das immer tut. Auch spielen individuelle Kontexte eine Rolle. Ist ein Hund beispielsweise hungrig, so ist er eher motiviert, einen Knochen zu verteidigen, als wenn er glücklich und satt ist. Jeder Hund hat andere Vorlieben und es ist nicht rasseabhängig, was einem Hund als Ressource wichtig ist.

So können Sie auch mit Spielzeug oder anderen Ressourcen umgehen. Wenn Sie einem Hund etwas aus dem Maul nehmen, geht es nicht um Macht, sondern eher um Vertrauen, denn in einem Notfall (etwa Giftköder), ist es prima, wenn der Hund stressfrei die Schnauze öffnet und Sie nicht noch zu allem Übel attackiert. Alle in der Familie lebenden Personen sollten sich dem Hund ohne Schwierigkeiten nähern können, wenn er mit einer wichtigen Ressource »beschäftigt« ist. Wenn Sie es nur alleine üben, wird er sein Verhalten nicht automatisch bei anderen zeigen.

Links: *Futter gehört zu den überlebenswichtigen Ressourcen eines Hundes.*
Rechts: *Manchmal dauert es, bis der Hund stressfrei sein Futter frisst, wenn der Mensch daneben steht.*

39 Gehen andere Hunde an sein Spielzeug, reagiert mein Hund aggressiv

Fürchtet Ihr Hund um sein Spielzeug, wenn andere Hunde in der Nähe sind, so unterstützen Sie ihn, indem Sie das Spielzeug wegnehmen. Das wird ihn entspannen und er kann sich besser mit seinen Artgenossen beschäftigen, ohne Angst um seine Ressource haben zu müssen.

Außer Sichtweite

Reagiert ein Hund zu Hause mit Aggressionen und Stressverhalten auf Artgenossen, die an sein Spielzeug wollen, können mehrere Ursachen für seine Reaktion verantwortlich sein:

Liebt Ihr Hund sein Spielzeug, nehmen Sie es bei Besuch lieber vorher weg.

- Ihr Hund ist überfordert mit der Situation, weil er fürchtet, dass der andere Hund an seine Spielzeuge möchte.
- Liegen mehrere Spielzeuge zur freien Verfügung herum, so kann auch das ein weiterer Stressor sein. Ihr Hund müsste alle Spielzeuge im Blick behalten, damit sein Hundekollege nicht darankommen kann.
- Er fühlt sich alleine verantwortlich und sieht keine Unterstützung durch Sie, die Situation für ihn zu klären.
- Er hat eine geringe Frustrationstoleranz.

Ihre Aufgabe besteht darin, alle Spielzeuge und Futtermittel im Haus aufzuräumen und aus dem Sichtfeld des Hundes zu nehmen, während der andere Hund vor Ort ist. Seien Sie bitte konsequent und lassen Sie das Lieblingsspielzeug nicht doch noch liegen.
Wenn Sie es gleich wegschaffen, nehmen Sie Ihrem Tier den Stress und vermeiden das Aufkommen von Aggressionen. Außerdem sollten Sie das Spielzeug nicht genau dann einsammeln, wenn der Besucherhund bei Ihnen zu Hause ankommt, sonst verknüpft Ihr Hund diese beiden Ereignisse: Immer wenn die »Spaßbremse« zu Besuch ist, dann verschwindet auch das Spielzeug. Somit würde der fremde Hund für Ihren Vierbeiner negativ belegt und genau diese Verknüpfung sollte vermieden werden. Ist der Besuch nach einiger Zeit wieder weg, dürfen Sie ihm sein Spielzeug gerne wieder zur Verfügung stellen.

Mein Hund rastet bei bestimmten Personen komplett aus

40

Stimmungsübertragung ist ein Phänomen, das im Alltag gerne unterschätzt wird. Stimmung nimmt man erst bewusst wahr, wenn der Körper bereits Stresshormone ausgeschüttet hat. Ob es sich um positiven oder negativen Stress handelt, zeigt sich dann im Verhalten.

Fangen Sie bei sich an!

Sympathieempfinden beruht auf subtilen Eindrücken. Treffen wir auf einen fremden Menschen, scannen wir Mechanismen des Gegenübers ab und vergleichen das Ergebnis mit unseren Erfahrungen. Hormone erzeugen dabei eine körperliche Reaktion:

- positiv: entspannte Muskulatur, Mimik und Gestik
- negativ: angespannte Muskulatur, misstrauische Mimik und Gestik

Im zweiten Fall empfindet man Frust oder Ablehnung. Wir haben aber gelernt, uns anzupassen und auch mal die Zähne zusammenzubeißen. Hunde hingegen passen sich dieser Norm nicht an. Sie kommunizieren, wie es kommt, und drücken ihre Abneigung gleich aus.

In einer Mensch-Hund-Beziehung besteht ein ständiger Stimmungsaustausch. Mögen Sie also eine bestimmte Person nicht, nimmt Ihr Tier diese Ablehnung wahr und zeigt entsprechendes Verhalten. Das hat zur Folge, dass viele Hundehalter überrascht sind, wenn ihr Hund besonders stark bellt, sobald man auf Menschen trifft, die man selbst nicht mag. Ähnliches passiert, wenn Sie bei einer Begegnung alles »perfekt« machen wollen, sich aber so unter Druck setzen, dass Ihr Hund das vokalisierend mitteilt. Das Training beginnt hier also nicht beim Hund – denn der macht seinen Job gut –, sondern bei Ihnen. Finden Sie heraus, was Sie an der Person stört. Wie möchten Sie künftig mit dieser Person umgehen? Verändern Sie Ihre Haltung in diesem Augenblick und folgen Sie Ihrem neuen Ziel, wenn Sie auf die Person stoßen. Sie werden sehen, dass Ihr Hund sich schneller beruhigen wird und sich nach mehreren Wiederholungen lieber an Ihnen orientiert.

Oft bemerkt der Hund, dass wir die andere Person nicht mögen, und reagiert »solidarisch«.

41 Ist mein Hund eifersüchtig?

In jungen Familien mit (kleinen) Kindern, kann es passieren, dass der Familienhund mit der Rollenverteilung nicht zurechtkommt. Dass es grundsätzlich eine lineare Hierarchie im Zusammenleben gibt, kennen Hunde nämlich nicht, auch wenn das einige Menschen noch so sehen.

Klare Verhältnisse

Zu jedem Familienmitglied hat ein Hund seine ganz eigene Beziehung und bewertet diese in Hinblick auf die jeweiligen Fähigkeiten des Menschen. Wer sorgt für Stabilität im sozialen Gefüge, wer ist Kumpel oder noch sehr unerfahren? In der Regel orientiert sich der Familienhund an der Person, mit der er am meisten Zeit verbringt. Je nach Führungsqualität dieser Person fügt sich der Hund in die Familie ein.

Zum Beispiel hat eine Ehefrau den Eindruck, dass ihr Familienhund »eifersüchtig« auf Ehemann und Kind reagiere. Es ist anzunehmen, dass der Hund seinen sozialen Status anders bewertet und sein Frauchen als »Ressource« verteidigt. Was kann getan werden, um die Fehlannahme des Hundes zu korrigieren?

Zunächst sollte ein Gleichgewicht hergestellt werden, das über folgende Fragestellungen erreicht werden kann:

- Welche Rolle nimmt jedes Familienmitglied (inklusive Hund) ein?
- Wie glaubwürdig ist jedes Familienmitglied im Umgang miteinander und mit dem Hund?
- Welche Haltung (mental wie physisch) nehmen die Familienmitglieder ein?
- Wie viel Aufmerksamkeit wird jedem zuteil?

In Bezug auf das Beispiel: Besteht die Möglichkeit, dass der Hund zuerst bei der Frau war, später der Ehemann und das Kind folgten und sich dadurch der bekannte Alltag veränderte?

Nimmt man an, dass die Ehefrau und Mutter einen straffen Alltag hat und dass das Kind noch in einem Alter ist, in dem es Fürsorge braucht, kann man davon ausgehen, dass der ganztags arbeitende Ehemann aus zeitlichen Gründen weniger die Führungsrolle übernimmt und kaum an der Erziehung (Hundeschule/Auslastung) oder Ressourcenverteilung wie Futtergabe beteiligt ist. Das Kind ist je nach Alter ein Spielkumpel und kann mit Eintritt in die Pubertät zu einem Konkurrenten werden. Die Aufgabe besteht darin, klare Verhältnisse zu schaffen, also zu regeln, wer welche Aufgaben in der sozialen Gemeinschaft übernimmt und wie sich der Hund einfügen kann. Der Mann könnte die Futtergabe übernehmen und über Spaziergänge mit dem Hund zeigen, dass er Verantwortung übernimmt. Zwischen Hund und Ehemann darf sich eine eigenständige Beziehung und Bindung entwickeln.

Hunde können Eifersucht zeigen, das belegten Studien. Allerdings zeigen sie diese nicht hartnäckig und es gibt nicht wie in menschlichen Beziehung komplizierte Verflechtungen. Vielmehr teilen sie ihre Eifersucht meistens durch Aggressionen oder Splitten – indem sie sich zwischen zwei Menschen schieben – mit. Bekommt der Hund zu spüren, dass er auch das »konkurrierende« Familienmitglied als tollen Partner gewinnen kann, so wird sich seine Eifersucht schnell auflösen. Ein Zugehörigkeitsgefühl, d. h. die Akzeptanz durch den Partner oder die Kinder, macht viel aus.

Links: *Ein entspannter Hund ist eine Bereicherung für das Familienleben.*
Rechts: *Auch über Handfütterung können Sie Vertrauen aufbauen.*

42 Der Postbote – ein rotes Tuch für meinen Hund

Der Postbote macht Spaß – aus Sicht des Hundes lohnt es sich, bei ihm stärker zu bellen, da es ihn zu beeindrucken scheint. Der Postbote kommt schließlich nicht ins Haus, sondern geht wieder. Für den Hund ein kleiner Meilenstein auf seinem Punktekonto.

Den Fokus umlenken

Die Beziehung zwischen Postboten und Hunden ist eine ganz spezielle. Postboten kommen fast täglich und betreten das Grundstück ungefragt. Der Postbote kündigt sich durch sein Fahrzeug an und das melden Hunde generell gern, indem sie zur Tür rennen und bellen. Wirkung zeigt das Verhalten offensichtlich immer, denn der Postbote verschwindet wieder, oft ohne persönlichen Kontakt.

Hier sollten Sie nun das Zepter übernehmen und Ihren Hund bei aller Euphorie freundlich umlenken. Falls sich Hund und Postbote einmal real begegnen, könnte es eine stürmische Begegnung werden, da Ihr Hund bei dieser Person schon siegessicher ist.

Statt den Hund aber nun zu strafen, loben Sie ihn, wenn er anschlägt. Schließlich gibt das Anschlagen auch ein Gefühl von Sicherheit. Reagiert er auf Ihre Intervention, so fordern Sie ihn anschließend auf, sich hinzulegen:

- Ihr Hund sitzt vor Ihnen – das sollte er beherrschen, da es die Platzübung vereinfacht.
- Halten Sie ihm ein Leckerchen vor die Nase und bewegen Sie es langsam von der Schnauze in Richtung Brust und Vorderläufe hinunter, sodass der Hund Ihrer Hand zu folgen beginnt. Das Leckerchen halten Sie am besten zwischen Daumen und Zeigefinger, die anderen Finger sind gestreckt, so sieht der Hund schon die ausgestreckte Hand, die später als Handzeichen genutzt werden kann.
- Ziehen Sie die Hand bis auf den Boden, sodass Ihr Hund ins Platz geht. Dann erhält er das Leckerchen. Das erfordert ein wenig Übung. Klappt das verlässlich, wird das verbale Signal »Platz« eingeführt, indem es eine halbe Sekunde vor der lockenden Hand gezeigt wird.

Nutzen Sie das zuverlässige Verhalten, wenn sich der Postbote in naher Entfernung befindet. Ihr Hund meldet es Ihnen ja, wie gewohnt.

Persönliche Begegnung – Möchten Hund und Postbote sich kennenlernen, steht dem natürlich nichts im Weg. Viele Postboten haben mittlerweile Leckerchen dabei, um sich mit Hunden anzufreunden. Ihre Erlaubnis vorausgesetzt, kann er Ihren Hund langsam füttern. Leidet Ihr Hund unter einer Allergie oder einer Futtermittelunverträglichkeit, sollten Sie jedoch den Postboten mit Ihren eigenen Leckerli ausstatten.

Entscheiden Sie, wie oft Ihr Hund bellen und so den Postboten melden darf. Ist es drei Mal, schicken Sie ihn nach dem dritten Mal ins Platz. Sie bauen hier eine neue Handlungskette auf und lenken Ihren Hund in dieser Situation nach Ihren Wünschen. Sie wertschätzen das Bellen, wollen aber, dass er stattdessen etwas anderes tut. Wenn Sie nun das Hinlegen besonders intensiv belohnen, wird er schnell verstehen, wie der Hase läuft, nämlich dass sich ein schnelleres Hinlegen lohnt, wenn er ein Super-Leckerchen möchte. Es kann gut sein, dass er sich sogar schon hinlegt, obwohl er gar nicht gebellt hat und Sie auch das Signal »Platz« noch nicht ausgesprochen haben. Keine Sorge, er verlernt das Bellen nicht, aber bei dieser Übung, bei der alle einzelnen Handlungen immer gleich ablaufen, kann es sein, dass er das Anschlagen sein lässt. So verlegen Sie seinen Fokus auf eine gemeinsame Übung mit ihm, die ihm nach einiger Zeit wichtiger erscheint als das Verbellen des Postboten.

Links: *Übernehmen Sie den Gang zur Tür, der Hund sollte auf einem Platz warten.*
Rechts: *Loben Sie den Hund, wenn er Ihrem Signal folgt.*

Eine Frage der Vorsicht – Ängste und Phobien

Ängste und Phobien kann man nicht per Knopfdruck ausschalten. Sie werden merken: Wenn Sie die Angst Ihres Hundes akzeptieren und Ihren Vierbeiner in seinem Tempo unterstützen, wird es ihm schnell besser gehen.

Angst vor fremden Menschen

43

Wenn Ihr Hund Angst vor Fremden hat, sollten Sie ihn erst mal keinesfalls dazu zwingen, Kontakt zu anderen Menschen zu haben. Sie können aber langsam den Kontakt trainieren, bis Ihr Hund Fremden gegenüber eine freudige Erwartung hat.

Vertrauen wecken

Hunde, die in ihrer Welpenzeit nicht viele fremde Menschen getroffen haben, oder solche, die sogar schlechte Erfahrungen in der Vergangenheit gemacht haben, fürchten sich oft vor fremden Menschen. Besonders angstauslösend sind für viele Hunde Personen mit Gehstock oder mit Hut.

Wichtig: Sollte Ihr Hund übermäßig Angst vor allen fremden Menschen haben oder häufig aggressives Verhalten zeigen, sollten Sie sich unbedingt professionelle Hilfe bei einem kompetenten Hunde-Verhaltensberater suchen!

Falls Ihr Hund unsicher im Kontakt mit anderen Menschen ist, ist es wichtig, dass Sie seine Körpersprache richtig lesen und auf seine Signale richtig reagieren können. Wenn Ihnen ein Mensch entgegenkommt und Ihr Tier anfängt zu schnüffeln, zu hecheln oder sich zu wälzen, so spricht das meistens für Stress. Falls Sie eines dieser Signale sehen, sorgen Sie dafür, dass die Situation für Ihren Hund entspannter wird, indem Sie dem entgegenkommenden Menschen aus dem Weg gehen. Laufen Sie dazu ruhig einen Bogen mit Ihrem Hund oder wechseln Sie die Straßenseite. Ihr Hund soll lernen, dass Sie seine Stresssignale verstehen, und entsprechend darauf reagieren. Das stärkt sein Vertrauen in Sie.

Links: *Im Haus kann ein fester Platz oder eine Box als sicherer Rückzugsort dienen.*
Rechts: *So führen Sie Ihren Hund sicher an anderen Menschen vorbei.*

Außerdem ist es wichtig, Ihren Hund auf der vom Menschen abgewandten Seite zu führen. So bilden Sie mit Ihrem Körper einen Schutz für Ihren Hund. Zu Hause ist es für Ihren Liebling am besten, wenn er einen festen Platz oder eine Box zugewiesen bekommt. Dieser Platz soll zum »sicheren Hafen« werden. Hier darf niemand außer Sie selbst den Hund stören – besonders keine Fremden.

Begegnungen mit anderen trainieren

Mit Freunden und Bekannten können Sie zuerst einmal in bekanntem Territorium trainieren. Durch das richtige Training ist es möglich, das Gefühl Ihres Hundes gegenüber einem Menschen oder einer Situation zu verändern. In diesem Fall soll Unsicherheit zu Freude gewandelt werden. Konditionieren Sie Ihren Hund zuerst einmal auf einen Clicker oder ein Markerwort (siehe Seite 56, 134). Nun gehen Sie langsam auf Ihren Trainingspartner zu und clicken, sobald Ihr Hund diesen anguckt, und zwar optimalerweise ohne Anzeichen von Unsicherheit. Ihr Hund wird sich nun freudig zu Ihnen umdrehen und das versprochene Leckerli erwarten. Und so geht es immer weiter: Blick zum Fremden – Click – Leckerli. Währenddessen verringert sich der Abstand zwischen Ihnen und der anderen Person. Nach einigen Trainingseinheiten werden Sie merken, dass Sie recht nah an den anderen Menschen herangehen können, ohne dass Ihr Hund Anzeichen von Angst zeigt. Zudem wird sich die Reaktion Ihres Hundes ändern. Statt zu schauen, bis Sie clicken, wird er, nachdem er den fremden Menschen gesehen hat, direkt zu Ihnen blicken, weil er weiß, dass die Begegnung mit einer fremden Person einen Click und ein Leckerli bedeutet. So sollte es möglich sein, Ihrem Hund fremde Menschen »schmackhaft« zu machen.

Ob ein Hund Angst hat oder nicht, kann man nicht nur am Verhalten, sondern auch sehr gut an seiner Körperhaltung erkennen. Besonders im Training sehen Sie, ob der Trainingspartner weit genug weg steht oder ab welcher Distanz Ihr Hund Angst hat.

Anzeichen von Angst

Viele ängstliche Hunde zeigen eine geduckte Körperhaltung. Sie machen sich klein, um möglichst wenig Angriffsfläche zu bieten, und ziehen den Kopf ein. Außerdem erkennt man Angst und Unsicherheit bei Hunden an den nach hinten angelegten Ohren und einer gesenkten oder eingezogenen Rute. Je nach Rasse kann es sein, dass die Ohren nicht angelegt werden können oder die Rute gekringelt ist. Daher sollten Sie immer versuchen, den Hund als Gesamtbild zu sehen und ihn danach zu beurteilen.

Kontaktaufnahme zu einem unsicheren Hund – Im Kontakt mit einem unsicheren Hund sollten Sie Folgendes beachten: Hocken Sie sich hin und drehen Sie sich seitlich zum Hund. Strecken Sie zunächst Ihre Hand aus, sodass der Hund schnuppern und dann entscheiden kann, ob er sich Ihnen nähern möchte. Beugen Sie sich nicht über den Hund und vermeiden Sie direkten Blickkontakt, da er das als bedrohlich wahrnehmen könnte.

Oben: *Bei stärkerer Angst wird die Rute zwischen den Beinen eingekniffen.*
Unten links: *Bieten Sie Ihrem Hund Sicherheit.*
Unten rechts: *Ängstliche Hunde haben oft eine geduckte Körperhaltung.*

44 Aus Unsicherheit verbellt mein Hund andere Menschen

Wenn Ihr Hund vom Wesen her unsicher ist und deshalb andere Menschen verbellt, sollten Sie ernsthaft darüber nachdenken, sich professionelle Hilfe zu holen. Beschützen Sie Ihren Hund vor zu aufdringlichen Fremden und bringen Sie ihm im Training bei, ein anderes Verhalten zu zeigen.

Alternativverhalten

Falls das unerwünschte Verhalten oft auftritt und Sie das Gefühl haben, dass Ihr Hund sehr darunter leidet, oder Sie sogar Angst haben, dass er einmal zubeißen könnte, sollten Sie auf jeden Fall auf die Hilfe eines Verhaltensberaters zurückgreifen.

Angst oder Unsicherheit? Es gibt einen Unterschied zwischen Angst und Unsicherheit. Angst ist eine tief sitzende Emotion, die oftmals lähmt. Der Hund kann dann kaum noch auf etwas reagieren. Unsicherheit hingegen ist eher ein starkes Unbehagen. Der Hund wird dadurch motiviert, die Situation so schnell wie möglich zu verlassen oder so zu verändern, dass es ihm besser geht.

Wenn Ihr Hund hingegen im »normalen Rahmen« unsicher ist, können Sie die Situation erst einmal entschärfen. Achten Sie auf Ihren Hund und die Signale, die er Ihnen sendet. Ihnen kommen Menschen entgegen und Sie erkennen schon erste Anzeichen von Stress bei Ihrem Tier? Dann gehen Sie den anderen aus dem Weg. Zudem kann es helfen, wenn Sie den Hund auf die Seite nehmen, die den anderen Menschen abgewandt ist, sodass er durch Ihren Körper geschützt ist. Laufen Sie außerdem aufrecht und vermitteln Sie Ihrem Hund so Sicherheit. Außerdem wichtig: Lassen Sie keine fremden Menschen einfach so an Ihren Hund herantreten, wenn es ihm unangenehm ist.
Falls das alles nichts hilft und Ihr Hund trotzdem bellt, ist es wichtig, dass Sie ihn nicht ausschimpfen. Ihr Hund handelt aus einem Gefühl der Angst heraus und kann in diesem Moment sein Verhalten nicht bewusst steuern.
Um dem Hund das Verbellen abzugewöhnen, ist geduldiges Training wichtig.
Bringen Sie Ihrem Hund ein Alternativverhalten bei. Gut eignet sich als Signal zum Beispiel ein »Schau«. Hierfür muss zuerst das Alternativverhalten geübt werden. Sobald dies sicher sitzt, nähern Sie sich einem fremden Menschen und verlangen schon auf große Entfernung ein »Schau«. Der Abstand kann nun immer kleiner werden. Irgendwann wird der Hund dann in der Lage sein, das Alternativverhalten auch in normalen Problemsituationen zeigen zu können.

Mein Hund pinkelt aus Angst, wenn andere Menschen ihn streicheln

45

Wenn der Hund unter sich macht, weil andere Menschen ihn streicheln, kann das mit einem erhöhten Stresslevel oder Angst zu tun haben. Lassen Sie fremde Menschen Ihren Hund deshalb nicht einfach so anfassen und trainieren Sie das Problem gezielt.

Demut oder Angst?

Wenn Ihr Hund medizinisch gesehen keine Probleme hat, gibt es zwei mögliche Gründe, die dem Verhalten zugrunde liegen. Die erste Möglichkeit ist, dass sich Ihr Hund das Pinkeln als Zeichen der aktiven Demut gegenüber fremden Menschen angeeignet hat. Das hieße, dass Ihr Tier den Menschen als potenzielle Bedrohung sieht und ihm signalisieren will: »Ich tu dir nichts, du bist der Boss!« Die andere Erklärung ist, dass Ihr Hund Angst oder Stress gegenüber Fremden hat und dann seine Blase nicht mehr kontrollieren kann. Den Unterschied zwischen aktivem Demutsverhalten und Angst erkennen Sie daran, ob Ihr Hund noch andere Stressanzeichen wie etwa vermehrtes Hecheln oder Gähnen zeigt. Bei stärkerer Angst oder Stress sollten Sie unbedingt einen Hundeverhaltensberater zurate ziehen.

Um Ihren Hund davor zu bewahren, in die auch für ihn unangenehme Situation zu kommen, unter sich urinieren zu müssen, bieten Sie ihm auf jeden Fall Schutz. Schirmen Sie ihn vor anderen Menschen ab und bitten Sie die Fremden, Ihren Hund nicht anzufassen, wenn er das nicht will. Weisen Sie Ihrem Vierbeiner im Haus einen Platz zu, der für Fremde tabu ist, wo er sich also zurückziehen kann. Auch eine Box kann hier nützlich sein.

Im Training können Sie Ihrem Hund eine Strategie beibringen, die er von selbst zeigt, wenn ihm Menschen zu nahe kommen. Trainieren sie zum Beispiel, dass Ihr Hund auf ein Signal hin hinter Ihnen »Sitz« macht. Wenn sich Ihnen nun ein Fremder nähert und Ihr Hund schon unruhig wird, geben Sie ihm das Signal, damit er sich hinter Ihnen zurückziehen kann.

Mag Ihr Hund nicht gestreichelt werden, kann er gerne bei Ihnen Schutz suchen.

46 Mein Hund hat Angst vor dem Tierarzt. Was kann ich tun?

Angst vor dem Tierarzt haben viele Hunde durch schlechte Erfahrungen oder weil es dort unheimlich riecht. Diese Angst können Sie lindern, indem Sie ab und zu immer mal wieder nur zum Wiegen oder einfach nur so zum Tierarzt fahren und Ihren Hund dort loben.

Langsames Heranführen

Wer schon während des Welpenalters ein bisschen Zeit in das Training beim Tierarzt investiert, erspart dem Hund und sich selbst später viel Stress. Sie können bereits zu Hause Ihren Hund an Berührungen an den Ohren, dem Maul und den Pfoten gewöhnen. Üben Sie in entspannter Atmosphäre und mit viel Lob als Unterstützung, dass Ihr Hund sich in die Ohren schauen lässt, Sie die Lefzen anheben können, um die Zähne zu begutachten, und er die Pfoten gründlich untersuchen lässt. Wichtig bei diesem »Medical Training«: alles in kleinen Übungseinheiten, ganz in Ruhe und mit viel positiver Unterstützung. Auch an den Besuch beim Tierarzt sollte der Hund in kleinen Schritten gewöhnt werden. Und so geht es:

Schritt 1 Fahren Sie mit Ihrem Hund bis vor die Praxis und gehen Sie dort ein bisschen spazieren. Wenn Ihr Hund sich an die Umgebung gewöhnt hat, gehen Sie mit ihm hinein und füttern ihn. Vielleicht kann auch eine Helferin oder sogar der Tierarzt mit einem Leckerchen nachhelfen.

Schritt 2 Das nächste Mal können Sie mit Ihrem Hund direkt in die Praxis gehen und sich einfach ein paar Minuten ins Wartezimmer setzen. Lassen Sie Ihren Hund wiegen oder bringen Sie ihn sogar schon einmal kurz ins Behandlungszimmer. Dabei nicht vergessen: loben, loben, loben.

Schritt 3 Nun ist Ihr Hund bereit für echtes »Medical Training«. Ihr Tierarzt kann sich also nun die Augen, Zähne und Ohren Ihres Hundes angucken. Falls Sie Angst haben, dass Ihr Hund schnappen könnte, oder Ihr Tierarzt auf einen Maulkorb besteht, sollten Sie direkt mit dem Maulkorbtraining (siehe Seite 132 f.) beginnen.

Tierarzttraining können Sie schon zu Hause beginnen.

Auto fahren mag mein Hund gar nicht und ihm wird übel dabei

47

Autofahren löst bei vielen Hunden Unbehagen oder Übelkeit aus. Die richtige Gewöhnung an das Autofahren, eine Box oder aber die Möglichkeit, aus dem Fenster zu sehen, können dagegen helfen. Auch homöopathisch kann Angst und Übelkeit vorgebeugt werden.

Übelkeit vorbeugen

Viele Hunde mögen das Autofahren nicht, weil ihnen während der Fahrt übel wird. Es kann sein, dass Ihr Hund das Autofahren noch nicht gewöhnt ist und sein Körper daher die Fahrbewegungen und Beschleunigung nicht verträgt. Hunden, die Autofahren schon gut kennen, es aber dennoch nicht mögen, wird meistens aus einem der folgenden Gründe übel: Weil sie aus dem Fenster schauen und das, was sie sehen, nicht zu dem passt, was sie wahrnehmen; oder aber sie sehen eben nicht, wohin sie fahren und können sich deshalb nicht auf die Bewegung des Autos einstellen.

Für das Training ist es wichtig, dass die körperlichen Symptome der Übelkeit verschwinden. Vor der Autofahrt sollte die letzte Mahlzeit mindestens zwei Stunden zurückliegen. Außerdem können Sie Ihren Hund kurz vor der Fahrt homöopathisch unterstützen.

Als Nächstes sollten Sie überprüfen, in welcher Position Ihr Hund das Autofahren am besten verträgt. Sitzt er in einer Box und ihm wird dennoch schlecht? Dann lassen Sie Ihren Hund doch einmal frei im Kofferraum Ihres Kombis mitfahren. Sitzt Ihr Hund auf der Rückbank? Dann leihen Sie sich eine Box, die groß genug ist. Meist wird schon dadurch das Problem behoben. Hilft keine der Maßnahmen, sollten Sie Ihren Hund einem Tierarzt oder Tierheilpraktiker vorstellen, um eine mögliche medikamentöse Unterstützung zu besprechen. Anschließend ist es wichtig, den Hund noch einmal schrittweise an das Autofahren zu gewöhnen und die Fahrt mit etwas Positivem zu verknüpfen. Denn auch wenn Ihr Vierbeiner während der Fahrt keine Übelkeit mehr verspürt, erinnert er sich daran, dass Autofahren bisher kein schönes Erlebnis war.

Das Autofahren sollte mit positiven Erfahrungen verknüpft werden.

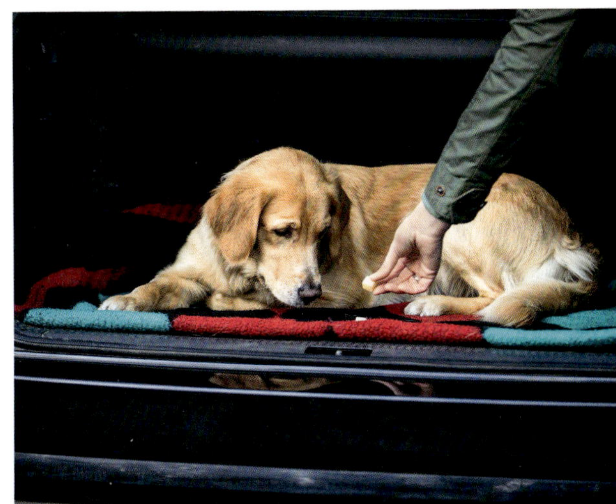

48 Mein Hund hat Angst beim Bus- oder Bahnfahren

Das Fahren in öffentlichen Verkehrsmitteln ist für viele Hunde abschreckend, da viele Menschen, viele Geräusche und natürlich die Fahrt an sich zusammenkommen. Der Hund sollte daher gut auf das Busfahren vorbereitet werden. Dafür lohnt sich das Trainieren mit einer Entspannungsdecke.

Die Entspannungsdecke

Kaufen Sie eine neue, bequeme Decke und holen Sie diese abends, wenn Ihr Hund schon entspannt ist, heraus. Locken Sie Ihren Vierbeiner nun auf die Decke und kuscheln Sie hier ein wenig mit ihm. Danach packen Sie die Decke wieder außerhalb seiner Reichweite. Wiederholen Sie diese Übung nun jeden Abend mindestens zwei Wochen lang. Wenn Sie merken, dass sich Ihr Hund entspannt, sobald er auf der Decke liegt, können Sie mit dem Bus- bzw. Bahnfahrtraining beginnen.

Busfahren gemeinsam üben

Vor Ihrer ersten gemeinsamen Fahrt sollte Ihr Hund sich gelöst haben. Idealerweise sind Sie beide gut gelaunt und entspannt. Die letzte Mahlzeit Ihres Hundes sollte mehr als zwei Stunden zurückliegen, damit ihm während der Fahrt nicht übel wird. Trainieren Sie erst nur für wenige Stationen und in wenig besetzten Bussen oder Bahnen. Berufsverkehr oder Stoßzeiten, in denen viele unterwegs sind, würden den Stresslevel Ihres Hundes erhöhen.

Locken Sie Ihren Liebling ruhig mit einem Leckerli in den Bus oder die Bahn und gehen Sie dann selbstbewusst auf einen Platz zu. Loben Sie Ihren Hund dabei verbal oder auch mit Leckerchen. Sobald Sie am Platz angekommen sind, legen Sie Ihre Decke auf den Boden und geben Ihrem Hund das Signal, sich daraufzulegen. Loben Sie nun beständig, wenn Ihr Hund ruhig darauf liegen bleibt.

Vor dem Aussteigen fordern Sie Ihren Hund zum Aufstehen auf und nehmen Sie Ihre Decke auf. Gehen Sie, wenn Bus oder Bahn gehalten haben, zur Tür und freuen Sie sich draußen wie wild über die erste gemeinsame Fahrt. Geben Sie Ihrem Hund die Gelegenheit, noch ein bisschen zu schnüffeln und sich zu entspannen.

Einsteigen üben – Wenn Ihrem Hund bereits das Einsteigen Schwierigkeiten macht, dann ist es am besten, es erst einmal gesondert zu üben. Das geht am besten an einem Busbahnhof in einem Bus, dessen Fahrer gerade Pause macht. Fragen Sie höflich, ob Sie mit Ihrem Hund üben dürfen. Das Einsteigen fällt dem Hund leichter, wenn der Motor des Busses nicht läuft und Sie keinen Zeitdruck haben.

Wie gewöhne ich meinen Hund am besten an Wasser?

49

Wasser ist für einige Hunde unheimlich. Zwingen Sie Ihren Hund daher auf keinen Fall zum Schwimmen. Sollte Ihr Hund allerdings Interesse am Wasser haben, sich nur nicht recht trauen hineinzugehen, dann können Sie Schritt für Schritt das Schwimmengehen üben.

Sanft heranführen

Das Wichtigste zuerst: Nicht alle Hunde mögen Wasser. Wenn Ihr Hund also Angst zeigt oder Wasser einfach nicht mag, so sollten Sie ihn nicht zum Kontakt mit Wasser zwingen. Das würde Ihrem Hund und auch Ihrer Beziehung nicht guttun. Suchen Sie sich stattdessen lieber eine andere schöne Beschäftigung am Strand oder in der Nähe von Wasser, die Sie gemeinsam ausüben können.

Mit Hunden, die Wasser interessant finden, sich aber noch nicht so ganz herantrauen, können Sie die Gewöhnung schrittweise üben. Dabei fangen Sie ganz klein an: mit einer Schüssel oder einer Wäschewanne voller Wasser. Stellen Sie diese (am besten bei gutem Wetter) draußen im Garten auf und lassen Sie Ihren Hund erst einmal daran schnüffeln und sich annähern. Sobald er Interesse am Wasser zeigt, können Sie ein paar Leckerli oder ein Spielzeug hineinwerfen. Der Hund wird versuchen, dort heranzukommen, und merken: Wasser ist ja gar nicht schlimm. Loben Sie ihn, wenn er Kontakt mit dem Wasser hat.

Wenn diese Übung zu Hause gut funktioniert, können Sie nun mit Ihrem Vierbeiner zu einem ruhigen See fahren, idealerweise mit einem flach abfallenden Ufer. Hier können Sie nun die Übungen mit Leckerlis und Spielzeug wiederholen und generell am Uferrand spielen. So gewöhnt sich Ihr Hund spielerisch ans Wasser. Nun können Sie vielleicht sogar zusammen baden gehen. Gehen Sie zunächst nur bis zu den Knien ins Wasser. Wichtig ist, dass Sie neben Ihrem Hund bleiben und nicht zu weit vorgehen, sonst bekommt Ihr Liebling schnell Panik. Wichtig ist bei dieser Gewöhnung übrigens, dass Sie Ihren Hund nicht mit zu langen Trainingseinheiten überfordern und jede Trainingseinheit mit einem positiven Erlebnis endet.

Geben Sie Ihrem Hund Zeit!

Machen Sie Ihren Hund nicht mit Wasser nass. Die meisten Hunde finden das nicht toll und es mindert ihre Motivation, sich mit dem Wasser auseinanderzusetzen. Genauso wenig klappt es, den Hund einfach ins Wasser zu setzen oder seine Pfote unterzutauchen. Ihr Hund soll sich dem nassen Element im eigenen Tempo nähern. Nur so kommen Sie zum gewünschten Ziel.

50 Mein Hund hat an Silvester richtig Panik. Was kann ich tun?

Viele Hunde haben an Silvester Angst. Das Training dagegen ist langwierig und sollte bereits mehrere Monate vor Silvester beginnen. Erste-Hilfe-Maßnahmen wie Bachblüten, das Thunder-Shirt und Hunde-Ohrenstöpsel können akut helfen.

Verschiedene Lösungen

Für Hunde ist Silvester ein Ereignis, an dem ihre Halter ohne ersichtlichen Grund aufgeregt sind. Dazu kommen viele laute Geräusche und helle Lichter. Es ist also eigentlich kein Wunder, dass einige Hunde dann leiden. Dabei bleibt es jedoch nicht, denn schließlich leidet man als Hundehalter entsprechend mit. Der Jahreswechsel ist dann für viele Familien mehr Stress als ein Grund zur Freude. Abhilfe muss her.

Erste-Hilfe-Maßnahmen an Silvester

Drehen Sie Ihre letzte Gassi-Runde möglichst, solange es draußen noch hell ist. Erstens knallt hier noch weniger Feuerwerk und zweitens können Sie so besser sehen, ob auf Ihrem Weg jemand etwas zünden will, und entsprechend ausweichen. Dabei sollte der Hund auf jeden Fall an der Leine geführt werden, sodass er bei einem unvorhergesehenen Knall nicht weglaufen kann.

Kann Angst verstärkt werden?

Viele Hundehalter sind besorgt, dass sie die Angst ihres Hundes verstärken, wenn sie ihn beruhigen. Das ist aber nicht zutreffend, denn schlechte Gefühle können bei Hunden durch positiven Kontakt nicht verstärkt werden. Dagegen kommt es oft zu einer Stimmungsübertragung zwischen Hund und Halter: Mitleid von Herrchen oder Frauchen empfindet der Hund durchaus als Bestätigung dafür, dass seine Angst begründet ist.

Vielen Hunden hilft enger Körperkontakt.

Wieder zu Hause, sollten Sie Körperkontakt zulassen, falls Ihr Hund das wünscht. Auch bestimmte Massagetechniken wie etwa TTouch® können helfen, um Ihren Hund zu beruhigen. Falls Ihr Hund eine Box hat, sollte sie ihm den ganzen Abend zugänglich sein. Zudem kann es helfen, wenn Ihr Hund etwas zu kauen oder zu schlecken hat.

Besonders hilfreich ist das sogenannte »Thunder-Shirt«: ein eng anliegendes Shirt, das den gesamten Oberkörper des Hundes umschließt. Viele Hunde werden dadurch sicherer und ruhiger. Zudem gibt es Ohrenstöpsel speziell für Hunde. An diese muss der Hund jedoch vor dem Benutzen gewöhnt werden.

Homöopathie und medikamentöse Unterstützung

Zusätzlich kann Ihr Hund auch Medikamente einnehmen. So können Sie sich zum Beispiel schon vorab mit einem Homöopathen zusammensetzen. Dieser sucht dann passend zu Ihrem Hund Mittel heraus, die ihn über Silvester hinweg unterstützen können. Auch die SOS-Bachblüten-Drops speziell für Hunde, die es in jeder Apotheke gibt, können kurzfristig helfen, damit Ihr Hund sich besser entspannen kann. Wenn die Angst sehr stark ist, können Sie auch nach Konsultation mit Ihrem Tierarzt die Gabe von leichten Medikamenten ausprobieren. Aber Vorsicht: Achten Sie bitte darauf, dass die Medikamente angstlösend, aber nicht sedierend sind. Ansonsten kann es passieren, dass Ihr Hund Angst hat, sie aber nicht zeigen kann, weil er sediert ist. Das wäre noch schlimmer, als wenn er sich einfach nur fürchtet.

Was Sie lieber nicht tun sollten

Zudem gibt es ein paar Dinge, die Sie in jedem Fall vermeiden sollten. Dazu gehört selbstverständlich, dass Sie in der Zeit um Mitternacht nicht mehr mit Ihrem Hund rausgehen. Auch sollten Sie Ihren Hund in den Tagen vor und nach Silvester nicht ableinen. Es kann immer wieder dazu kommen, dass doch noch jemand einen Feuerwerkskörper zündet und sich Ihr Hund so erschreckt, dass er wegläuft.

Lassen Sie Ihren Hund in seiner Angst auf keinen Fall alleine und ignorieren Sie ihn nicht, wenn er Ihre Nähe sucht. Lassen Sie sich dabei jedoch nicht von seiner Angst anstecken. Ihre Aufgabe ist es, Ihrem Hund zu zeigen, dass Sie da sind und dass alles in Ordnung ist. Sie verstehen seine Angst, teilen sie aber nicht. Falls Ihr Hund sich einen Platz ausgesucht hat, an dem es ihm gut geht, lassen Sie ihn dort ruhig liegen, auch wenn es ein eher merkwürdiger Ort ist, wie zum Beispiel die Dusche oder Badewanne.

Trainingsmöglichkeiten

Ein mögliches Training sollte schon mehrere Monate vor Silvester unter professioneller Anweisung beginnen. Hierbei wird Ihr Hund schrittweise erst an leisere Geräusche und andere Reize gewöhnt, danach steigt die Intensität. Dieses Training braucht allerdings viel Zeit.

Helfen sogenannte Silvester-CDs?

CDs mit Tonspuren von Feuerwerk werden vor Silvester oft angeboten, damit sich der Hund an die auf ihn zukommenden Geräusche gewöhnen kann. Leider bringen diese CDs bei den meisten Hunden keine Linderung, da die Hunde in der Lage sind, eine Tonspur und echtes Feuerwerk zu unterscheiden. So haben Sie am Ende keine Panik mehr vor aufgenommenem Feuerwerk, wohl aber vor echtem.

Fit und gut gelaunt – die Gesundheit Ihres Hundes

Sie müssen kein Studium der Tiermedizin ablegen, um mit einigen Blicken erkennen zu können, ob es Ihrem Hund gut geht oder ein Besuch beim Tierarzt nötig ist.

Mein Hund kratzt sich ununterbrochen

51

Wenn Ihr Liebling unter Juckreiz leidet, muss das nicht immer sofort heißen, dass er wirklich krank ist. Ein gewisses Maß an gelegentlichem Kratzen oder mit den vorderen Zähnen am Fell »Knibbeln« gehört zur normalen Fellpflege des Hundes.

Parasiten

Einer der häufigsten Gründe für den Juckreiz ist ein Flohbefall. Charakteristisch für das Verhalten bei einem akuten Befall von Flöhen sind das plötzliche, ruckartige Bewegen und das »Schnappen« nach den betroffenen Stellen. Nicht nur Flöhe, sondern auch viele andere Parasiten können für Juckreiz bei Ihrem Hund sorgen. Ein Milbenbefall löst beispielsweise ähnliche Symptome aus. Diese können auch die Ohren Ihres Lieblings befallen. Hier sollten Sie Ihren Tierarzt konsultieren.

Allergische Reaktion

Leider werden auch unsere Haushunde immer mehr zu Allergikern – zumeist sind diese gegen Futtermittel allergisch oder zeigen eine Unverträglichkeit, jedoch ist dies auch in Bezug auf diverse Umweltallergene, wie z. B. den gemeinen Hausstaub, möglich. Allergien zeigen sich durch latent andauernden Juckreiz, der sich schwer lindern lässt.

Stressreaktion

Wenn Ihr Hund also in vermeintlich stressigen Situationen, wie beispielsweise im Training, in der Hundeschule oder beim Besuch in der gut frequentierten Eisdiele, sich zu kratzen beginnt, kann das darauf hindeuten, dass das Reizumfeld für ihn zu groß ist und er sich nicht sicher ist, wie er sich verhalten soll. Sollten Sie dieses »Stresskratzen« häufiger beobachten, ist ein Besuch bei einem Hundetrainer oder einer Hundetrainerin sicher eine gute Idee.

Kratzen kann ein Hinweis auf Stress, aber auch auf Parasiten sein.

52 Mein Hund hat sich wunde Pfoten gelaufen

Verletzungen an den Pfoten sind grundsätzlich schwierig zu behandeln, da der Hund seine Pfoten ja nutzt. Weiterhin führen die Witterungsbedingungen, wie z. B. Nässe oder gar Schnee und Streusalz im Winter, zu einer Verlangsamung des Heilungsprozesses.

Wunde untersuchen

Zunächst sollten Sie die Pfote umfassend untersuchen, denn es könnte weitere wunde Stellen geben, die eine Behandlung benötigen. Dabei kann zu Ihrer Absicherung, wenn Ihr Hund in solchen Situationen zum Schnappen neigt, ein Maulkorb oder eine Maulschlinge angelegt werden.

Auch bei einem sehr friedlichen Hund lohnt sich für solche Fälle ein positiv gestaltetes Maulkorbtraining (siehe Seite 132 f.). Denn man kann nicht sicher wissen, wie sich das Tier in einer Unfallsituation voller Stress und Schmerz verhalten wird. Zur besseren Untersuchung können die Haare an den Pfoten etwas abgeschnitten werden. Blutet die Wunde, müssen Sie einen Pfotenverband anlegen.

Achten Sie beim Kauf von Pflegeprodukten immer auf eine gute Qualität.

Pfotenverband?

Desinfizieren Sie die Wunde zuerst. Anschließend legen Sie eine sterile Wundauflage auf. Besonders wichtig ist, dass Sie den Zwischenraum zwischen den Zehen mit genügend Watte polstern, da sich dort die Schweißdrüsen des Hundes befinden und die Zehen nicht zusammengepresst werden sollten. Vergessen Sie bei der Auspolsterung die Daumenkralle nicht!

Die Pfote wird mit einem Verband bis zum Gelenk eingewickelt. Schlussendlich fixieren Sie Ihr Werk mit einem Heftpflaster. Der Verband sollte jetzt gut sitzen, darf nicht verrutschen, aber auch nicht einschnüren. Sollten Sie eine selbstklebende Mullbinde im Haus haben, können Sie diese zur Fixierung über den angelegten Verband anbringen.

Mein Hund hat einen Insektenstich

53

Insektenstiche können für den Hund gefährlich werden. Schwellungen insbesondere im Maul- bzw. Rachenbereich können schlimmstenfalls zum Ersticken führen. Jeder Hund reagiert anders auf Insektenstiche – von ruhigem Verhalten bis hin zur panischen Reaktion.

Sauber und kühl halten

Als Erstes sollten Sie den Stachel entfernen. Nutzen Sie dafür am besten eine Pinzette, da gerade Giftbeutel von Bienen und Wespen noch einige Zeit Gift absondern können. Des Weiteren sollten Sie den Hund nicht alleine lassen und die Stichstelle genau beobachten. Sollte sich die Stelle entzünden, stark anschwellen oder eitrig werden, ist ein Tierarztbesuch unumgänglich. Ebenso sollten Sie verhindern, dass der Hund die Stichstelle dauerhaft beleckt oder daran knabbert. Durch diese mechanische Einwirkung kann es zur Verunreinigung der Wunde und einer ärgerlichen Sekundärinfektion kommen. Grundsätzlich ist es förderlich, die Stichstelle umfassend in kleinen, wiederkehrenden Intervallen zu kühlen. Dazu können Sie ein handelsübliches Kühlpack benutzen. Dieses sollte jedoch nicht direkt auf die Stelle des Stiches gedrückt werden, sondern mit einer Schutzhülle, wie beispielsweise einem Geschirrhandtuch, ummantelt werden, denn auch Hunde können Gefrierbrand bekommen. Alternativ können Sie auch Eiswürfel in ein Säckchen füllen oder schlichtweg ein nasses Handtuch verwenden.

Links: *Kühlen tut dem Hund nach einer Stichverletzung gut.*
Rechts: *Untersuchen Sie auch die Pfoten nach Stichverletzungen.*

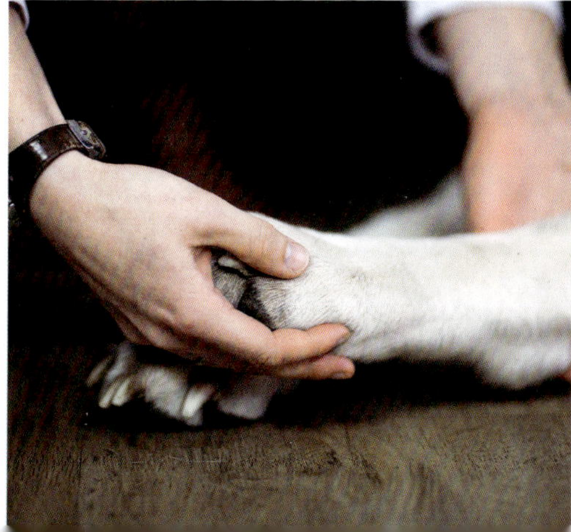

54 Was tun bei einem Sonnenstich oder Hitzeschlag?

Die Begriffe »Sonnenstich« und »Hitzeschlag« werden im Volksmund ganz häufig inhaltlich vermischt. Dabei ist die jeweilige Ursache der Symptome unterschiedlich, wenn auch für Ihren Liebling gleichermaßen gefährlich.

Der Unterschied

Den Unterschied zwischen Sonnenstich und Hitzeschlag macht im Wesentlichen der Ort der Wärmeeinwirkung aus. Beim Hitzeschlag kommt es zu einer starken Überhitzung des gesamten Körpers, wodurch die Körpertemperatur ansteigt. Die Umgebungstemperatur spielt dabei eine große Rolle, jedoch nicht die direkte Sonneneinstrahlung. Zusätzliche verstärkende Faktoren sind Stress, hohe Luftfeuchtigkeit und körperliche Belastung.

Sonnenstich erfolgt aufgrund der direkten Sonneneinstrahlung auf den Kopfbereich. Schädel und Gehirn können überhitzen, auch wenn die Außentemperatur vielleicht noch erträglich ist. Die Symptome ähneln sich bei beiden Formen der Überhitzung stark: Der Hund fühlt sich wärmer an, er hechelt stark, reagiert zeitverzögert, ist vielleicht sogar bewusstlos. Er erbricht, hat Kreislaufprobleme und taumelt beim Gehen, möglicherweise wirkt er apathisch.

Was ist zu tun?

Ihr Hund muss sofort in den Schatten bzw. in einen kühleren Bereich! Legen Sie ein feuchtes Handtuch – aber nicht (!) mit eiskaltem Wasser getränkt – auf den Hund, um ihn abzukühlen. Wichtig ist dabei die Reihenfolge: erst die Beine, dann der Rumpf und zuletzt der Kopf. Kühlpacks am Nacken und am Kopf unterstützen den Vorgang. Bieten Sie Ihrem Hund kleine Mengen lauwarmen Wassers an und fahren Sie mit ihm in eine Tierklinik oder zum Tierarzt.

Links: *Im Kühlen liegt es sich für die meisten Hunde im Sommer besser.*
Rechts: *Auch kleine Hilfen sind eine willkommene Abkühlung.*

Nach der Aufnahme von Wasser/Futter hat sich mein Hund erbrochen

55

Erbrechen kann diverse Ursachen haben. Viele davon sind vergleichsweise folgenlos, andere wiederum nicht. Zunächst sollten Sie die Erscheinungsformen bzw. die Begleitsymptome kennen. Im Zweifel kann nur ein Tierarzt helfen.

Begleitsymptome

Ein Hund, der brechen muss, reibt sich ganz häufig die Schnauze, schluckt mehrmals beschwerlich, das Maul kann dabei offen stehen. Das Heraufwürgen von Flüssigkeit aus dem Magen ist merklich zu vernehmen. Zunächst tritt weißer Schaum hervor, dann folgt der Mageninhalt, der aufgrund der zugesetzten Magensäure bzw. Galle teilweise gelblich wirkt. Die Hunde mögen dann meistens kein Futter oder Wasser aufnehmen. Nicht selten zittern sie am ganzen Körper. Beginnen wir bei der Liste von Gründen mit dem harmlosen und leicht erkennbaren Erbrechen von Gras. Viele Hunde fressen Grashalme, um ihren Magen zu reinigen oder um das Säuremilieu im Magen auszugleichen. Das ist – sofern sich die Aufnahme und die Häufigkeit des Erbrechens in Grenzen halten – keinerlei krankhaftes Verhalten. Weiterhin könnte es sein, dass Ihr Hund etwas Verdorbenes zu sich genommen hat. Vielleicht hat er auf Ihrem Kompost geräubert und das ist ihm nicht so gut bekommen. Wenn er sich der schädlichen Kost entledigt hat, ist er bald wieder auf dem Damm. Wahrscheinlich haben Sie keinen großen Grund zur Sorge. Anders sieht es aus, wenn sich der Allgemeinzustand Ihres Hundes verschlechtert oder Begleitsymptome hinzukommen, er zum Beispiel apathisch wirkt, krampft, oder Fieber hat. Dann könnte eine Infektion vorliegen, die durch einen Tierarzt begutachtet werden sollte.

Links: *Beobachten Sie das Fressverhalten Ihres Hundes.*
Rechts: *Im Zweifelsfall sollten Sie einen Tierarzt aufsuchen. Auch ein Foto des Erbrochenen kann bei der Diagnose helfen.*

56 Mein Hund hat einen Gegenstand verschluckt

Der Hund hat etwas verschluckt, das nun die Atemwege blockiert – der blanke Horror für jeden Hundehalter. Obwohl wir uns mit dem Gedanken nicht so gerne auseinandersetzen, sollten wir doch auf den Ernstfall vorbereitet sein.

Sofort handeln

Bleiben Sie ruhig! Wenn Sie in Panik geraten, hilft das Ihrem Hund keineswegs. Gehen Sie folgendermaßen vor: Bringen Sie den Hund in die stabile Seitenlage. Prüfen Sie als Nächstes, ob die Atemwege frei sind oder ob ein Fremdkörper oder vielleicht auch ein Insekt im Rachen stecken. Wenn sich das Maul Ihres Hundes nicht öffnen lässt, wickeln Sie mit zwei weichen Binden eine Schlaufe, die Sie jeweils um den Ober- und um den Unterkiefer legen, und nutzen Sie den entstehenden Hebel, um den Fang auseinanderzuziehen. Zögern Sie nicht lange mit den Maßnahmen, da sich der Hund möglicherweise in Lebensgefahr befindet!

Versuchen Sie anschließend, den Gegenstand aus dem Rachen zu entfernen. Sollte das nicht möglich sein und vermuten Sie, dass sich der Fremdkörper nach wie vor im Rachen oder in der Luftröhre befindet, muss der nächste Schritt folgen: Kleine Hunde werden an den Hinterläufen gehalten und ganz vorsichtig geschüttelt – mit dem Kopf nach unten! Große Hunde werden hinter dem Brustkorb kopfüber hochgehoben und dann vorsichtig geschüttelt. Sobald der Fremdkörper in Ihrem Sichtfeld auftaucht, entfernen Sie ihn rasch und beenden das Manöver. Sollte die Atmung ausgesetzt haben oder das Herz aufgehört haben zu schlagen, muss der Hund wiederbelebt werden. Dies geschieht mit einer Brustkorbmassage und der Mund-zu-Schnauze-Beatmung.

Links: *Durch eine regelmäßige Kontrolle fallen Probleme eher auf.*
Rechts: *Was viele Hunde als gefundenes Fressen betrachten, tut ihnen oft nicht gut.*

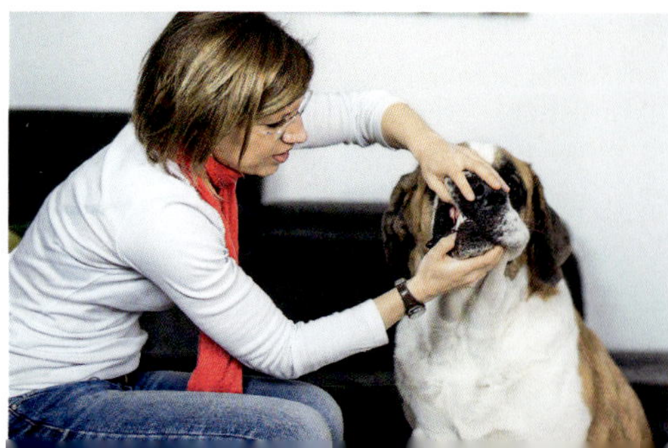

Mein Hund riecht stark aus dem Maul

57

Unangenehmer Geruch aus der Maulregion kann viele Ursachen haben. Aber eines haben die Auslöser gemeinsam: Sie weisen darauf hin, dass Sie mit dem Hund bei einem Tierarzt oder einer Tierärztin vorstellig werden sollten. Denn normalerweise ist die Mundflora des Hundes robust.

Je nach Ursache harmlos

Die harmloseste Ursache für starken Maulgeruch ist wohl, dass der Hund eine Affinität für die Hinterlassenschaften von anderen Säugetieren hat und diese gerne frisst – einige Stunden danach riecht er entsprechend. Vergleichsweise ebenso unbedenklich ist abstoßender Maulgeruch aufgrund der Futterzusammensetzung. Trockenfutter, das einen hohen Anteil an Innereien hat, riecht zum Beispiel intensiver als Frischfutter.

Bedenklicher ist es, wenn die Ursache des Mundgeruches im Zahnbereich selbst liegt. Hunde haben wie wir Menschen Zahnfleischtaschen, in denen sich Nahrungsreste absetzen und dort bei fehlender Hygiene faulen können. Zeigt der Hund vielleicht auch Schmerzanzeichen, so muss er unbedingt behandelt werden! Ähnliche Symptome erzeugen Fremdkörper, wie z. B. Holzsplitter, die sich zwischen den Zähnen Ihres Hundes verfangen haben. Auch Entzündungen im Hals- oder Rachenbereich entwickeln vereinzelt faulige Gerüche. Diese Entzündungen sind ebenso enorm schmerzhaft und sollten sofort tierärztlich behandelt werden.

Auch Erkrankungen der inneren Organe können zu schlechten Gerüchen im Maulbereich führen. Das erscheint vielen Haltern und Halterinnen zunächst einmal abwegig, dennoch sollten Sie – vor allem bei Gerüchen, die Ihnen wie vergorener Apfelsaft vorkommen – Ihren Tierarzt oder Tierheilpraktiker konsultieren.

Links: *Frische Kräuter können den Maulgeruch verbessern.*

Rechts: *Mund- und Zahnhygiene sind wichtig für Ihren Hund.*

58 Beim Fressen findet mein Hund keine Grenzen

Hunde würden sich in der Natur nicht überfressen, da sie somit angreifbarer wären. In unserem Alltag jedoch spielt diese Gefahr kaum mehr eine Rolle und viele Hunde fressen gerne und auch einmal über das Ziel hinaus. Stoffwechselerkrankungen sind keine Seltenheit.

Vorsicht vor Diabetes

Hat Ihr Liebling plötzlich starken Hunger und findet kein Maß mehr beim Fressen, sollten Sie dieser Erscheinung Beachtung schenken. Es könnte sich um eine ernsthafte Erkrankung handeln. Vielen Hundehaltern ist unbekannt, dass auch Hunde an Diabetes erkranken können. Es gibt zwei unterschiedliche Arten der Krankheit, jedoch haben beide die gleiche Folge: Kohlenhydrate können durch Muskeltätigkeit nicht in Energie umgewandelt werden. Es kommt zu einem Anstieg des Zuckerspiegels im Blut. Dieser kann so lange ansteigen, bis es zum »Zuckerschock« kommt.

Achten Sie darauf, ob sich die täglichen Rituale des Hundes verändern. Ist er träge oder schneller geworden? Verändern sich sein Tag-und-Nacht-Rhythmus, seine Aktivitäten? Führen Sie dazu ein kleines Tagebuch.

Futterbetteln

Nicht immer hat der gesteigerte Appetit eine rein körperliche Ursache. Das Betteln nach Futter kann sich verselbstständigen und durch konsequentes Training wieder abgewöhnt werden.
Weiterhin kann auch Nahrungskonkurrenz zur vermehrten oder beschleunigten Futteraufnahme führen. Lassen Sie mehrere Hunde nicht im selben Raum und immer in Ruhe fressen.

Links: *Mehrere, aber dafür kleinere Portionen vertragen manche Hunde besser.*
Rechts: *Achten Sie auf eine stressfreie Umgebung, wenn Ihr Hund frisst.*

Mein Hund hat Gewichtsprobleme

59

Über- wie auch Untergewicht des Hundes sollten ernst genommen werden. Beides kann sich zu einer Krankheitsform entwickeln. Buchstäblich sollte sich das Gewicht Ihres Lieblings die Waage halten, um seine Gesundheit dauerhaft aufrechtzuerhalten.

Übergewicht

»Übergewicht« ist ein schwammiger Begriff und sehr von der subjektiven Wahrnehmung des Betrachters abhängig. Bewährt hat sich dabei folgende Faustregel: Wenn die Rippen oder die Hüftknochen beim Hund nicht mehr einfach zu erspüren sind, ist er vermutlich zu dick. Ihr Hund benötigt eine Umstellung im Alltag. Es reicht nicht aus, einfach nur einen Diätplan zu erstellen. Vor allem ist wichtig, dass der Hund qualitativ hochwertiges Futter bekommt. Das gilt auch für die Belohnungssnacks. Diese sollten je nach Gabe von der täglichen Futterportion abgezogen werden. Mehr kognitive und körperliche Auslastung unterstützen den Abnahmeprozess.

Untergewicht

Bei der Bestimmung von Untergewicht behelfen wir uns wieder mit der Betrachtung des Hundes im Ganzen: Sind bei dem Hund die Rippen und das Becken ohne Weiteres sichtbar und wirkt der Hund allgemein schmal, ist er in aller Regel zu dünn. Neben der oben genannten Überprüfung der Futterzusammensetzung sollten Sie einmal kontrollieren, ob Ihr Hund genügend Futter in Bezug auf seinen Aktivitätsgrad bekommt. Passen Sie die Menge entsprechend an.

Sollte Ihr Liebling trotz dieser Maßnahmen nicht zunehmen, ist der Besuch einer Tierarztpraxis unerlässlich, denn auch für lang anhaltendes Untergewicht gibt es leider krankhafte Ursachen.

Links: *Sport ist im richtigen Maß für Hund und Halter gut.*

Rechts: *Behalten Sie das Gewicht des Hundes im Auge.*

60 Mein Hund hat stumpfes Fell

Stumpfes, glanzloses oder trockenes Fell beim Hund ist in den allermeisten Fällen auf eine oder mehrere dreier Kernproblematiken zurückzuführen: auf den Pflegezustand, die Ernährung oder auf eine gesundheitliche Einschränkung Ihres Hundes.

Ursachenforschung

Im Frühjahr und im Herbst führen unsere Haushunde den Fellwechsel durch. Je nach Fellstruktur können sich die losen Haare im bestehenden »Pelz« festsetzen. Regelmäßiges Bürsten kann das verhindern.

Die Ernährung

Eine vermeintlich kleine Unausgewogenheit in der Ernährung kann große Auswirkungen haben. Ein Mangel an essenziellen Aminosäuren, also an Eiweißen, die der Hundekörper nicht selbst bilden kann, kann zu stumpfem, trockenem oder brüchigem Fell führen. Bei einer Konsultation Ihres Tierarztes wird Ihnen sicherlich ein Bluttest zu Ermittlung des Mangels vorgeschlagen werden. Das kann hilfreich sein – Sie sollten nur wissen, dass die meisten Mangelerscheinungen im Blut sehr lange nicht nachweisbar sind, da der Körper zunächst Reservestoffe aus den Knochen und den Organen mobilisiert.

Eine gesundheitliche Einschränkung

Gewisse Erkrankungen der inneren Organe können ebenso dazu führen, dass Nährstoffe nicht richtig aufgenommen und/oder umgewandelt werden. Das geht meist mit anderen Begleiterscheinungen einher. Haben Sie den Verdacht, dass Ihr Hund eine solche Erkrankung haben könnte, vereinbaren Sie einen Termin bei einem Tierarzt Ihres Vertrauens.

Links: *Schnell macht man sich als Halter Sorgen, wenn das Fell stumpf wirkt.*
Rechts: *Nicht immer ist stumpfes Fell eine Frage der Pflege.*

Hundesicherheit und wichtige Verordnungen – rechtliche Fragen

Einen Hund zu halten heißt auch Verantwortung zu übernehmen. Nicht nur für das Tier, sondern auch für seine Mitmenschen. Somit sind einige Gesetze und Bestimmungen erlassen worden, die Sie als Hundehalter kennen sollten.

61 Welche Verordnungen sollte man als Hundehalter kennen?

Es gibt viele Gesetze und Verordnungen, die Ihnen bekannt sein sollten. Über allem steht das Grundgesetz, in das erst 2002 das Grundziel des Tierschutzes eingepflegt wurde.

TierSchHuV

Aus dem betreffenden Artikel 20a resultierten das Tierschutzgesetz wie auch die Tierschutz-Hundeverordnung (TierSchHuV). Ersteres besagt u. a., dass Wirbeltieren nicht ohne Weiteres Leid oder Schaden zugefügt werden darf. Auf die Tierart des *Canis lupus f. familiaris* geht die TierSchHuV genauer ein. Es regelt, welche Mindestanforderungen an die Hundehaltung gestellt werden. Menschen, die ihren Hund im Zwinger oder angebunden auf ihrem Hof halten, sollten sich mit den Regelungen unbedingt vertraut machen. Ferner ist in der TierSchHuV festgeschrieben, dass die Hinterlassenschaften des Hundes auf dem Grundstück täglich zu entfernen sind, vor allem um einer Parasitenausbreitung vorzubeugen. Auch Regelungen zum Bestand von Schutzhütten sind darin zu finden.

Impfung bei Reisen

Wenn Sie mit Ihrem Hund reisen möchten, sollten Sie ebenfalls einen Blick in die Gesetzesvorgaben der Europäischen Union werfen. Beispielsweise muss Ihr Liebling für eine Reise in ein Land der EU zuvor gegen Tollwut geimpft worden sein. Das müssen Sie durch den EU-Heimtierausweis nachweisen können.

Leinenverordnung

Weiterhin sollten Ihnen die Regelungen über Feld, Wald und Flur in Ihrer Nähe bekannt sein. Diese Punkte sind je nach Bundesland unterschiedlich geregelt. In Bremen, Sachsen-Anhalt, Niedersachsen und im Saarland dürfen die Hunde nur außerhalb der Brut- und Setzzeit (1. März bzw. 1. April bis 15. Juni) frei im Wald laufen. In Schleswig-Holstein und Thüringen dürfen sie zu keiner Jahreszeit in Wäldern von der Leine gelassen gehen. In Nordrhein-Westfalen darf der Hund nur auf Waldwegen abgeleint gehen. In Baden-Württemberg, Hessen und Bayern besteht keine generelle Leinenpflicht im Wald.

Hundegesetze

Ebenfalls um Landesrecht handelt es sich bei den jeweiligen Hundegesetzen der Bundesländer. Insbesondere Haftpflichtversicherungspflicht, Sachkundenachweis des Hundehalters, Maulkorbpflicht und Führung der Listen von vermeintlich »gefährlichen Hunderassen« sind unterschiedlich geregelt.

Darf ich Hunde aus dem Ausland einfach mit nach Hause nehmen?

62

Sie möchten einen Hund aus dem Ausland mit nach Deutschland nehmen? Das dürfen Sie leider nicht so einfach. Es bedarf der Erfüllung einiger Vorschriften.

Gesetze beachten

In vielen Ländern ist es nicht üblich, dass Hunde im Haus leben. Kommen Sie also nicht in Versuchung, einen vermeintlich herrenlosen Hund einfach mitzunehmen, denn Sie könnten damit Diebstahl begehen. Bei einer Vermittlung über eine Tierschutzorganisation bestehen hierbei meist keine Probleme. Die meisten Adoptivhundebesitzer in spe möchten Hunden ein besseres Leben ermöglichen. Jedoch gibt es auch Menschen, die Hunde aus dem Ausland gezielt nach Deutschland bringen, um sie hier zu verkaufen oder zu vermitteln. In diesen Fällen ist das Tierschutzgesetz einschlägig. Dieses normiert in § 11 Abs.1 S.1 Ziff. 5 TierSchG, dass Personen, die Tiere zum Zwecke des gewerbsmäßigen Handels oder der Vermittlung ins Inland einführen, eine Genehmigung des zuständigen Veterinäramtes benötigen.

EU-Verordnung

Die Einführung von Hunden innerhalb Länder der EU regelt die EU-Verordnung 576/2013 über die Veterinärbedingungen. Für die Verbringung von Heimtieren zu anderen als zu Handelszwecken müssten sie für die Einfuhr in die EU mit einem Transponder gechippt und in dem Zeitfenster der letzten 30 Tage vor der Abreise gegen Tollwut geimpft worden sein. Das muss in einem gültigen Heimtierausweis niedergeschrieben sein. Sofern Sie aus einem Nicht-EU-Staat einreisen möchten, gelten ganz ähnliche Bedingungen. Anstatt des Heimtierausweises sollten Sie eine Veterinärbescheinigung mitführen und den Hund zusätzlich einem Tollwutantikörpertest unterzogen haben, der durch ein EU-zugelassenes Labor durchgeführt wurde.

Das Hundeverbringungs- und -einfuhrbeschränkungsgesetz (2001) verbietet die Einfuhr von Pitbull-Terrier, American Staffordshire Terrier, Staffordshire Bullterrier und des Bullterriers. Informieren Sie sich bei Ihrer Zollbehörde.

Vorsicht: Sofern Ihr Hund die oben genannten Voraussetzungen nicht erfüllt, kann er u. U. mehrere Monate in Quarantäne genommen oder ins Herkunftsland zurückgebracht werden. Die Kosten dafür werden Ihnen in Rechnung gestellt. Im schlimmsten Falle kann eine Einschläferun angeordnet werden. Wenn Sie mehr als fünf Tiere mit nach Deutschland bringen, werden Sie automatisch als Handeltreibender festgestellt.

63 Mein Hund hat einen Verkehrsunfall verursacht

Sofern Ihr Hund kausal für den Verkehrsunfall verantwortlich ist, wird Sie leider auch in diesem Fall die bereits genannte Tierhalterhaftung des § 833 des Bürgerlichen Gesetzbuches treffen.

Wann Sie haften

Kausalität ist im Falle eines Verkehrsunfalls etwa dann gegeben, wenn Ihr Hund im Freilauf einer Katze nachjagt, dabei auf die Straße läuft, wodurch ein Auffahrunfall verursacht wird. Ob und inwieweit Sie in der Nähe waren, ist für die Haftung völlig unerheblich. Die Kraftfahrzeughalterhaftung ist ähnlich geregelt. Hier kann der Halter ebenso haften, auch wenn er zum Zeitpunkt des Unfalls den Wagen nicht gefahren hat.

Der Gesetzgeber hatte mit der Einführung des § 833 BGB das Ziel, die sogenannte spezifische Tiergefahr haftungsrechtlich abzudecken. Denn nicht immer ist es für den Halter sowie für die weiteren interagierenden Personen im Umfeld des Hundes ersichtlich, was das Tier tun bzw. wie es reagieren wird. Besonders ersichtlich wird das an dem oben genannten Beispiel: Dass der Hund die Katze jagen wird, ist ein Tierverhalten, das durch den Halter nur begrenzt, aber nicht vollständig verhindert werden kann. Von diesem Verhalten geht eine Gefahr aus, die nicht immer zu überblicken ist. Aus diesem Grunde sah der Gesetzgeber vor, dass die Halter auch dafür haften müssten. Der Bundesgerichtshof hat sich in einer Entscheidung aus dem Jahre 1999 sogar dafür ausgesprochen, dass die spezifische Tiergefahr so weit geht, dass eine Reiterin, die durch das tierische Verhalten verunsichert war und anschließend vom Pferd fiel, den Schutz des § 833 BGB und die daraus resultierende Haftung des Tierhalters genießen durfte.

Im Gegensatz zu den meisten anderen Arten der Gefährdungshaftung, wie z. B. der bereits genannten Fahrzeugführerhaftung, ist die Höhe der Haftungssumme im Zusammenhang des § 833 BGB nicht begrenzt. Das wurde im

Tierhalterhaftpflichtversicherungen – Die Haftungsrisiken der Hundehaltung können Sie durch eine Tierhalterhaftpflichtversicherung minimieren. Die Deckungssumme, bis zu der die Versicherung alle durch Ihren Hund verursachten Sach- und Personenschäden trägt, sollte nicht unter 500.000–1 Mio. € liegen.
In einigen Bundesländern ist dies durch die jeweiligen Hundegesetze gesetzlich vorgeschrieben. Vereinzelte Versicherungsunternehmen schließen bestimmte Hunderassen aus oder setzen erhöhte Versicherungsbeiträge fest.

Rahmen der Rechtsprechung schon häufig kritisiert, aber auch im Hinblick darauf, dass die Gefahren weitgehend durch Versicherungen abgedeckt werden können, nicht wesentlich verändert.

Straftaten

Im Wortlaut des § 833 BGB heißt es: »Wird durch ein Tier ein Mensch getötet oder der Körper oder die Gesundheit eines Menschen verletzt [...]«; trotzdem darf man sich hier in Bezug auf die spezifische Tiergefahr nicht aufs Glatteis führen lassen: Nicht jeder Schadensfall fällt unter § 833 BGB. Es könnten auch andere Tatbestände vorliegen, unter anderem solche, die Straftaten darstellen. Würden Sie Ihren Hund gezielt so ausbilden, dass er auf Signal Menschen angreift, und Sie rufen dieses Verhalten in einer Situation ab, durch die ein Tier oder Mensch getötet oder verletzt wird, könnte es sich sogar um gefährliche Körperverletzung oder Sachbeschädigung, wenn nicht noch um weiter gehende Tatbestände handeln.

Links: *Behalten Sie im Falle eines Falles Ruhe, das hilft Ihrem Hund am meisten.*
Rechts: *Tauschen Sie die Telefonnummern aus, um in Kontakt bleiben zu können.*

64 Mein Hund wurde von einem herumstreunenden Hund gebissen

Neben dem emotionalen Druck kann es in so einer Situation auch zu finanziellen Belastungen kommen, sofern für die Behandlung des eigenen Hundes Tierarztkosten anfallen.

Aufsichtspflicht

Grundsätzlich müssen Sie diese Kosten der Tierarztpraxis erst mal vorstrecken. Ob und inwieweit Sie sich diese zurückzahlen lassen können, ist fraglich. Voraussetzung dafür ist, dass der Halter des herrenlosen Hundes ermittelt werden kann. Ist das nicht möglich, ist eine Durchsetzung der Ansprüche kaum möglich. Kann der Halter gefunden werden, ist dieser zivilrechtlich – also im Rahmen des Schadensersatzes – haftbar. Der Umstand, dass der Hund herrenlos umherlief, kann eine Pflichtverletzung der Aufsichtsperson darstellen, denn diese hat dafür Sorge zu tragen, dass der Hund z. B. in Sicht- und Rufweite bleibt oder sich nicht von dem Grundstück des Halters entfernt. Passiert so etwas häufiger, wäre ein Hinweis an das Veterinäramt sinnvoll. Mit Einschränkungen kann die Verletzung der Aufsichtspflicht übrigens auch für Personen gelten, die einen fremden Hund betreuen. Auch für diesen Fall hat sich der Gesetzgeber etwas einfallen lassen, nämlich die sogenannte Tieraufseherhaftung des § 834 BGB, in der es wie folgt heißt: »Wer für denjenigen, welcher ein Tier hält, die Führung der Aufsicht über das Tier durch Vertrag übernimmt, ist für den Schaden verantwortlich, den das Tier einem Dritten in der im § 833 bezeichneten Weise zufügt. Die Verantwortlichkeit tritt nicht ein, wenn er bei der Führung der Aufsicht die im Verkehr erforderliche Sorgfalt beobachtet oder wenn der Schaden auch bei Anwendung dieser Sorgfalt entstanden sein würde.« Das heißt also: Derjenige, der auf den Hund aufgepasst hat, müsste eine Haftung im gleichen Ausmaß wie der Tierhalter tragen, sofern er keine Gründe vorbringen kann, die seine Entlastung rechtfertigen. Rechtsbegrifflich wird zugunsten des Tierhüters also nur »vermutetes Verschulden« angenommen. Bestimmt werden Sie auch über die Formulierung »durch Vertrag« gestolpert sein. Ein Vertrag muss nicht immer schrift-

Tierhalterhaftung – In der Bundesrepublik Deutschland gilt der Grundsatz der Tierhalterhaftung § 833 des Bürgerlichen Gesetzbuches (BGB). Dabei handelt es sich um eine Spezialform der Gefährdungshaftung. Das bedeutet, dass bei einem Schaden, den der eigene Hund verursacht, grundsätzlich der Halter zur Übernahme der Verantwortung und der folgenden Kosten herangezogen werden kann.

lich verfasst und von beiden Vertragsparteien aufmerksam gelesen und unterschrieben worden sein. Wenn Sie also die Tochter Ihrer Nachbarn bitten, mit Ihrem Hund jeden Tag eine Gassirunde zu drehen und ihr dafür ein kleines Taschengeld pro Tag anbieten, könnte sich darin ein Vertragsschluss verbergen. Allein die tatsächliche Übernahme der Aufsicht des Hundes durch die Tochter ist jedoch nicht ausreichend, um eine Tieraufseherhaftung zu begründen.

Oben: *Bestehen Fluchtwege, hat der Hund die Möglichkeit, sich einem Konflikt zu entziehen.*
Unten: *Nicht immer ist es sinnvoll, Streithähne zu trennen.*

65 Durch Anspringen hat mein Hund Kleidung oder anderes beschädigt

Wenn Ihr Hund das Hab und Gut einer anderen Person zerstört hat, müssen Sie gemäß § 833 BGB für den entstandenen Schaden haften. Je nach Art des Gegenstandes, der beschädigt wurde, kann das im Einzelfall empfindliche Kosten nach sich ziehen.

Beispielfälle

Je nach Einzelfall können sich die Kosten in unterschiedlicher Art und Höhe aufgliedern. Bei der zerstörten Kleidung wird es auf einen einfachen Schadensersatz hinauslaufen, der Sie nicht unbedingt in die Insolvenz stürzen wird. Sobald der Hund jedoch zum Beispiel durch das Anspringen ein fremdes Auto beschädigt hat, können noch weitere Kosten folgen. Gehen wir davon aus, dass der Hund am Auto Lackschäden und Beulen hinterlassen hat, werden diese zunächst begutachtet werden müssen, um die Höhe des Schadens festzustellen. Die Begutachtung kann etwa durch eine Kfz-Werkstatt, oder im Falle der gerichtlichen Durchsetzung und förmlichen Beweiserhebung durch einen Richter, auch durch einen bestellten Gutachter erfolgen. Das verursacht wiederum Kosten, die zunächst vom Auftraggeber zu zahlen sind und im gerichtlichen Verfahren geltend gemacht werden können. Sollte Ihr Hund ganze Arbeit geleistet haben und an einem geöffneten Cabrio hochgesprungen sein, könnten noch weitere Kosten folgen. Stellen Sie sich vor, dass der Hund die Seitenscheibe verzogen oder gar abgebrochen hat und dadurch das Dach des Wagens nicht mehr ordnungsgemäß geschlossen werden kann. In diesem Fall verliert der Wagen seine Fahrtüchtigkeit. Würde dieser – zugegeben sehr unwahrscheinliche – Fall eintreten, müssten Sie höchstwahrscheinlich auch noch für die Kosten des Leihwagens aufkommen, wenn der oder die Geschädigte z. B. zur Aufrechterhaltung der Erwerbstätigkeit auf den Wagen angewiesen ist. Hier könnte sich eine schöne Summe auftürmen.

Anti-Anspring-Training lohnt sich – Gemäß § 3 Abs. 3 Nr. 5 LHundG NRW (Hundegesetz für das Land Nordrhein-Westfalen) können Hunde, die einen Menschen in Gefahr drohender Weise angesprungen haben, als im Einzelfall gefährliche Hunde eingestuft und mit Auflagen belegt werden. Auch unabhängig von dieser Landesvorschrift empfinden viele Menschen einen anspringenden Hund als Bedrohung. Daher sollten Sie, sofern Sie diese Verhaltensweise bei Ihrem Hund entdecken, alsbald Trainingsmaßnahmen einleiten (siehe dazu Seite 68).

Wegen lauten Bellens haben die Nachbarn mit Anzeige gedroht

66

Diese Frage beschäftigt schon viele Jahre die deutschen Gerichte. Eine gesetzliche Regelung gibt es leider – oder in manchen Fällen zum Glück – nicht. Daher kann nicht vorausgesagt werden, wie das Urteil ausgeht.

Anzeige – was dann?

Bei einer Anzeige werden bisherige Urteile für die Entscheidung hinzugezogen und mit dem bestehenden Fall verglichen. Grundsätzlich problematisch im juristischen Kontext ist, dass Hundegebell eine Lärmbelästigung für die Nachbarn darstellen könnte. Nach einem Urteil des Amtsgerichtes Hamburg vom 6. März 2005 trifft dies vor allem dann zu, wenn ein Hund regelmäßig bzw. lange anhaltend laut bellt oder sehr häufig anschlägt. Allerdings kann man nun nicht eindeutig definieren, was »häufig« oder »lang anhaltend« in diesem Kontext bedeutet. Einen Hinweis liefert ein Urteil des Oberlandesgerichts Hamm vom 16. November 1989: Es wurde entschieden, dass Hundegebell nicht mehr als nebensächlich anzusehen ist, wenn es am Tage länger als zehn Minuten ohne Unterbrechung anhält und in Summe über den Tag verteilt länger als 30 Minuten andauert. Sofern sich die Nachbarn bei Ihrem Vermieter beschweren, ist dieser zunächst verpflichtet, Sie abzumahnen. Wenn Sie nicht in der Lage sind, die Lautäußerungen Ihres Hundes zu minimieren, kann eine Wohnungskündigung die Folge sein.

Ein Albtraum für jeden Hundehalter, wenn der Mietvertrag aufgrund des Hundes gekündigt wird.

Beweislage – Um die Lärmbelästigung von Hundelärm nachzuweisen, wird den Mietern bzw. Vermietern häufig geraten, ein »Lärmtagebuch« zu führen oder die Belästigungen mit dem Handy festzuhalten. Hier ist jedoch Vorsicht geboten: Denn gerade Ton- und Filmaufnahmen könnten in einem Gerichtsprozess nicht verwertbar sein, da diese auch den persönlichen Bereich des Hundehalters berühren.

67 Darf mein Nachbar in seinem Garten Schädlingsgift auslegen?

Das Auslegen von Giftködern oder Schädlingsbekämpfungsmitteln auf dem eigenen Grundstück ist leider nicht grundsätzlich verboten. Es gibt jedoch diverse Beschränkungen, die Privatpersonen, wie Ihr Nachbar, beachten müssten.

Nagetiergift

Die Wirkstoffe, die sich besonders in Nagetiergiften wiederfinden, werden gemeinhin »Antikoagulanzien« genannt. Diese Stoffe wirken blutgerinnungshemmend und haben damit zur Folge, dass die Tiere nach der Aufnahme innerlich verbluten. Dabei werden diese Stoffe in zwei Wirkstoffgruppen geteilt. Die der ersten Generation muss der Nager mehrfach zu sich nehmen, bevor eine tödliche Konzentration erreicht wird. Bei den Stoffen der zweiten Generation genügt die Aufnahme eines Teilköders; weiterhin sind auch kleine Mengen vom Tierkörper nur schwer abbaubar und reichern sich daher in den Organen an. Dadurch sind weitere gesundheitliche Schäden zu erwarten. Die Verwendung von Antikoagulanzien der zweiten Generation ist in Deutschland nur noch sachkundigen Nutzern, wie ausgebildeten Schädlingsbekämpfern und Berufsgruppen mit einem entsprechenden Sachkundenachweis, vorbehalten. Private Verbraucher und berufsmäßige Benutzer ohne entsprechende Sachkunde dürfen Produkte dieser Wirkstoffklasse nicht auslegen.

Schädlingsbekämpfungsmittel mit Antikoagulanzien der ersten Generation können von jedermann genutzt werden, jedoch nur im Innenraum oder »unmittelbar um Gebäude«, wie es in der Verordnung und den weiterführenden »Allgemeine[n] Kriterien einer guten fachlichen Anwendung von Fraßködern bei der Nagetierbekämpfung mit Antikoagulanzien« wörtlich heißt. Das offene Auslegen ist nur nach Erbringen der Sachkundeprüfung gestattet. Weiterhin dürfen die nicht-sachkundigen Verwender für das Auslegen des Köders nur Köderstationen verwenden, wodurch das Risiko für die Aufnahme durch Kind, Hund, Katze oder andere Tiere extrem gesenkt wird. Weiterhin sind die Anwender verpflichtet, die Stationen regelmäßig zu kontrollieren. Sie müssen eine Warnung vor dem Gift, etwa durch Anbrin-

Gut zu wissen – Bis Ende des Jahres 2014 durfte Schneckenkorn noch einen anderen Wirkstoff enthalten, das sogenannte »Methiocarb«. Da dieses auch für Vögel potenziell schädlich ist, wurde es verboten. Produkte mit diesem Wirkstoff dürfen weder verkauft noch benutzt werden. Leider ist es noch möglich, derlei Präparate im Ausland zu erwerben.

gung von Schildern, anbringen. Einzige Ausnahme bildet bei dieser Pflicht die Beköderung in geschlossenen Räumen.

In dem oben beschriebenen Fall muss also geprüft werden, ob sich Ihr Nachbar an die rechtlichen Vorschriften hält, wenn er das Gift im Garten auslegt. Falls nicht, ist das Verhalten strafbar und kann mit einem Bußgeld geahndet werden.

Übrigens dürfen nach der Bundesartenschutzverordnung nur bestimmte Mäuse- und Rattenarten bekämpft werden, z. B. die Wanderratte und die Hausmaus.

Schneckenkorn

Bei Schneckenkorn gibt es leider nur sehr wenige Nutzungsbeschränkungen, diese betreffen zumeist Landwirte. Es gibt auch bei diesem Bekämpfungsmittel zwei unterschiedliche Wirkstoffgruppen. Schneckenkorn, das Eisen-III-Phosphat enthält, führt lediglich eine Vergrämung und Austrocknung der Schnecken herbei und ist für andere Tiere, wie Ihren Hund, keine Gefahr. Bei Schneckenkorn mit dem Wirkstoff Metaldehyd sieht es leider anders aus. Schon auf geringe Mengen reagieren viele Hunde sehr empfindlich. Da Sie Ihrem Nachbarn nicht verbieten können, mit Schneckenkorn zu arbeiten, sollten Sie den Zugang zum Nachbarsgarten auf jeden Fall absichern, sodass Ihr Hund nicht an das Gift gelangen kann. Gegebenenfalls kann auch ein offenes Gespräch mit Ihrem Nachbarn über die Risiken der Verwendung ein positives Ergebnis für beide Parteien herbeiführen.

Links: *Sichern Sie Köderboxen gut ab und schützen Sie Kinder und Tiere.*
Rechts: *Nutzen Sie zum Schutz Ihres Tieres Alternativen zum Schneckenkorn.*

68 Ist bei juristischen Problemen eine Internetrecherche sinnvoll?

Sollten Sie ein rechtliches Problem haben, ist es natürlich grundsätzlich möglich, nach einer Lösungsidee im Internet zu suchen. Dabei ist jedoch äußerste Vorsicht geboten: Prüfen Sie genau, wer einen Artikel oder Forumsbeitrag verfasst hat und welchem Thema dieser zugeordnet wurde.

Bewertung im Einzelfall

Gerade aufgrund der Tatsache, dass Hunderecht sehr häufig auf Länderebene unterschiedlich geregelt ist, kann es zu ärgerlichen Missverständnissen kommen. Ebenso sollten Sie ein Augenmerk darauf haben, ob Sie beispielsweise Forenbeiträge zu einem Thema oder verlässliche Quellen zurate ziehen. Im Zweifel kann die Internetrecherche die Konsultation eines Rechtsanwalts nicht ersetzen. Nur dieser ist in der Lage, Ihre dargestellte Thematik im Einzelfall zu bewerten. Weiterhin kann der Rechtsanwalt Sie in einem Gerichtsprozess vertreten, wenn dies nötig werden sollte.

Ihre Versicherung

Empfehlenswert ist es, sich an eine Kanzlei zu wenden, die auf Tierrecht spezialisiert ist. Wenn Sie Ihren Hund haftpflichtversichert haben oder Sie selbst rechtsschutzversichert sind, ist es zumeist ratsam, in einem Schadensfall als Erstes – bevor Sie viel Zeit für eine Internetrecherche aufwenden – Ihre Versicherung zu kontaktieren. Diese kann, je nach Sachlage und individuellem Versicherungsumfang, den Fall einschließlich Ihrer rechtlichen Vertretung übernehmen.

Falls Sie keine der genannten Versicherungen abgeschlossen haben sollten und trotzdem den Klageweg beschreiten müssen, so könnte Ihnen – sofern Sie monetär nicht in der Lage sind, die Kosten für einen Rechtsstreit aufzubringen – auf Antrag Prozesskostenhilfe gewährt werden. Dies ist eine besondere Form der Sozialhilfe. In einem solchen Fall können Sie sich direkt an einen Anwalt Ihrer Wahl wenden und die Problematik wie auch Ihren Wunsch nach Prozesskostenhilfe vortragen. Ob die Voraussetzungen zur Bewilligung dieser Alimentation vorliegen, prüft schlussendlich das Prozessgericht.

Nutzen Sie qualitativ hochwertige Seiten im Netz, wenn Sie nach Rechtsfragen suchen.

Maßnahmen bei Vergiftungen und Anti-Giftköder-Training

Leider gibt es Menschen, denen es Freude zu bereiten scheint, wenn sie Giftköder präparieren. Seit einiger Zeit wird die Hundeszene aktiv und Hundehalter absolvieren ein Anti-Giftköder-Training mit ihrem Tier, um so das Schlimmste zu verhindern.

69 Welche Sofortmaßnahmen kann ich bei Vergiftung ergreifen?

Obwohl Sie immer aufmerksam sind und Ihren Hund im Auge behalten, kann es passieren, dass er auf einem Spaziergang etwas vermeintlich Fressbares findet und herunterschlingt, bevor Sie eingreifen können. Bereiten Sie sich auf solche Situationen vor.

Erste-Hilfe-Kurs

Der präventive Besuch eines Erste-Hilfe-Kurses für Hunde ist eine gute Investition. Dort erlernen Sie die wichtigsten Handgriffe für einen Notfall. Je sicherer Sie mit den Abläufen vertraut sind, umso besser funktionieren Sie im Ernstfall und retten so vielleicht das Leben Ihres Vierbeiners.
Sie werden erfahren, wie Sie sich am besten vorbereiten und was z. B. alles in einen Erste-Hilfe-Kasten gehört. Grundsätzlich sollte jeder Hundehalter in der Lage sein, die Körpertemperatur seines Hundes zu messen sowie den Puls und die Atemfrequenz zu bestimmen. Dies sollte regelmäßig am gesunden Hund geübt werden, um Abweichungen vom Normalzustand zu erkennen.

Sauerkraut kann helfen, Verletzungen im Hundekörper zu minimieren.

Sofort zum Tierarzt

Hat Ihr Hund einen Giftköder gefressen oder haben Sie auch nur die Vermutung, dass er einen Köder geschluckt haben könnte, gilt grundsätzlich: Bringen Sie Ihren Hund schnellstmöglich zu einem Tierarzt! Notieren Sie sich die wichtigsten Nummern, Adressen und Sprechzeiten verschiedener Tierärzte und Kliniken in der Umgebung. Auch die Nummer des Tierärztlichen Notdienstes sollte nicht fehlen.
Haben Sie einen Notfall, kontaktieren Sie umgehend einen Tierarzt oder eine Tierklinik und kündigen Sie Ihr Kommen an, bei Ihrem Eintreffen kann so nämlich schon alles zur Behandlung vorbereitet sein.

Aktivkohle

Aktivkohle ist eine wichtige Erste-Hilfe-Maßnahme bei einer Vergiftung. Rechtzeitig gegeben, bindet die großporige Oberfläche der Aktivkohle die bereits aufgenommenen Giftstoffe im Magen-Darm-Bereich und verhindert so, dass sie in den Kreislauf des Hundes gelangen. Bei Verdacht auf eine Vergiftung sollten Sie daher unbedingt schon zu Hause die Aktivkohle als erste Maßnahme verabreichen und Ihren Hund dann schnellstmöglich zum Tierarzt bringen. Bereiten Sie eine Notfallration vor, die speziell auf Größe und Gewicht Ihres Hundes abgestimmt ist. Sie sollte in jedem Erste-Hilfe-Kasten vorhanden sein. So haben Sie jederzeit die richtige Dosierung zur Hand. Richten Sie sich nach den Herstellerangaben oder lassen Sie sich von Ihrem Tierarzt beraten und erfragen Sie die Menge, die Sie für Ihren Hund benötigen. Die schnelle Gabe der Aktivkohle kann lebensrettend sein, aber ersetzt auf keinen Fall den Besuch beim Tierarzt!

Bewahren Sie Ruhe

Damit sich Ihre Nervosität in einer Notfallsituation nicht auf Ihren Hund überträgt, sollten Sie unbedingt Ruhe bewahren. Das ist natürlich leichter gesagt als getan, Sie befinden sich in einer sehr emotional angespannten Lage. Unsere Hunde sind sehr sensibel und bemerken stets unsere Stimmung. Die Sorge und die Anspannung nehmen sie wahr und dass stresst sie zusätzlich. Bringen Sie Ihren Hund auf gar keinen Fall künstlich zum Erbrechen, den Gegenstand oder auch das Gift zurückzuführen kann unter Umständen großen Schaden anrichten. Versuchen Sie Ihren Hund ruhig zu halten. Sichern Sie ihn ab, entfernen Sie ihn vom Fundort und leinen Sie ihn, wenn möglich, an. Verwenden Sie auf gar keinen Fall eine Maulschlaufe, da es bei Vergiftungen zum plötzlichen Erbrechen kommen kann und akute Erstickungsgefahr besteht. Beruhigen Sie Ihr Tier und versuchen Sie es möglichst ruhig zu halten, damit Bewegung seinen Zustand nicht verschlimmert. Ist Ihr Hund bewusstlos, bringen Sie ihn in eine stabile Seitenlage und halten Sie seine Atemwege frei. Ähnlich wie bei uns Menschen überstrecken Sie den Kopf ein wenig. Ziehen Sie auch die Zunge heraus, sodass diese die Atemwege nicht behindern kann. Damit verschaffen Sie Platz in den Atemwegen, und das kann lebensrettend sein.

Wenn die Körpertemperatur Ihres Vierbeiners abgesunken ist, halten Sie ihn mit einer Decke warm und bringen Sie ihn umgehend zu einem Fachmann. Wenn es Ihnen möglich ist, nehmen Sie eine Probe des Giftköders, des Erbrochenen oder auch des Kotes zur Analyse mit zum Tierarzt.

Sauerkraut – ein altes Hausmittel bei verschluckten Fremdkörpern –
Viele »Staubsaugerhunde« und auch junge Hunde machen vor so gut wie nichts halt. Sie verschlucken Verpackungen, Plastik, Spielzeuge, Socken und sonstige Alltagsgegenstände. Scharfe Kanten können zu großen Verletzungen führen. Ein bewährtes Hausmittel ist Sauerkraut, es kann helfen, Verletzungen im Hundekörper zu minimieren! Die Fasern des Krautes wickeln sich um die gefährlichen Kanten und befördern das Päckchen auf natürlichem Weg wieder hinaus.

70 Was sind die typischen Symptome einer Vergiftung?

Symptome für eine Vergiftung können sich unterschiedlich äußern. Um eine Verschlechterung des Allgemeinzustandes Ihres Hundes zu erkennen, sollten Sie seine Vitalwerte kennen und prüfen können.

Vergiftung erkennen?

Durch verschiedene Giftarten und deren unterschiedliche Wirkungsweisen kann es schwierig sein, eine Vergiftung sofort zu erkennen. Wie gefährlich die Situation ist, hängt u. a. von der eingenommenen Menge, der Art der Giftstoffe und der körperlichen Konstitution Ihres Hundes ab. Meist handelt es sich jedoch um einen lebensbedrohlichen Notfall. Je früher Gegenmaßnahmen ergriffen werden (das Geben von Aktivkohle und sofortiger Tierarztbesuch), desto größer sind die Überlebenschancen.

Gifte im Alltag – Erstellen Sie zusammen mit allen Haushaltsmitgliedern eine Liste mit giftigen Lebensmitteln, Giftpflanzen und sonstigen Gefahrenquellen für Ihren Hund. Sind alle gut informiert, sind Fehler aus Unwissenheit schon um ein großes Stück reduziert. Vielleicht ist nicht jedem bewusst, dass Lebensmittel wie z. B. Schokolade, Zwiebeln, Rosinen oder der Süßstoff Xylit gefährlich für den Hund sein können.

Heimtückisches Rattengift

Besonders heimtückisch ist die Wirkungsweise von Rattengift. Es wirkt sehr langsam und Symptome treten manchmal erst nach Tagen auf. Der Hund ist geschwächt, er hat blasse Schleimhäute. Die Wirkstoffe hemmen die Blutgerinnung, das Tier verblutet ganz langsam innerlich. Oftmals enthält das Rattengift ein zusätzliches Gift, das die Muskulatur lähmt und das Herz schwächt. Es kommt zu Atemnot und der Hund kollabiert. Große Vorsicht ist auch geboten, wenn Ihr Hund sich über eine tote Ratte hermacht.

Schneckenkorn

Schneckenkorn wirkt meist schon nach 30 bis 60 Minuten. Symptome sind u. a.: Speicheln, vermehrtes Hecheln, Übergeben, Durchfall, Krämpfe, Koordinationsstörungen und hohes Fieber. Das oft enthaltene Nervengift Metaldehyd führt zu Herzrasen, Muskelkrämpfen und zum Tod. In der Landwirtschaft wird oftmals Schneckenkorn eingesetzt, lassen Sie Ihren Hund in solchen Gebieten auf gar keinen Fall aus Pfützen trinken! Reinigen Sie seine Pfoten nach dem Spaziergang. Auch durch das Fressen toter Schnecken können die Giftstoffe aufgenommen werden, Welpen sind aufgrund ihrer Neugier besonders gefährdet.

Ich habe einen Giftköder gefunden. Wie gehe ich jetzt vor?

71

In der Regel werden Lebensmittel oder Leckerchen als Giftköder präpariert, da sie reizvoll sind und gerne von Hunden aufgenommen werden – ebenso auch Spielzeuge. Das erschwert Ihnen als Hundehalter natürlich das Erkennen eines Giftköders auf den ersten Blick.

Fund melden

Melden Sie Ihren Fund unbedingt und fotografieren Sie die Fundstelle. Stecken Sie nach Möglichkeit den Köder – vorsichtig! – in einen Kotbeutel und nehmen Sie ihn mit zur Polizei. So verhindern Sie auf jeden Fall, dass jemand zu Schaden kommt. Nicht nur für Hunde, auch für Kinder und andere Tiere können ausgelegte Köder verheerende Folgen haben. Bevorzugt werden die Giftköder auf Freilaufflächen, großen Wiesen, öffentlichen Plätzen und Parks ausgelegt. Auch werden sie an Gehwegen in Wohngebieten, Feldwegen, an Hecken oder im hohen Gras versteckt.

Das Auslegen von Giftködern ist eine Straftat. Erstatten Sie Strafanzeige bei der Polizei, damit jeder Fall registriert wird und andere Hundehalter gewarnt werden können. Informieren Sie zudem das örtlich zuständige Veterinäramt. Warnen Sie andere Hundehalter in Ihrer Umgebung. Dank Digitalisierung kann man heute schnell über Giftköderfunde informiert werden. Geben Sie auch sachliche Informationen über die sozialen Medien preis. Die Internetseite www.giftkoeder-radar.com verfügt über die umfangreichste Datenbank für Giftköderfunde in ganz Europa. Dort finden Hundehalter Informationen über vorsätzlich ausgelegte Giftköder oder Gefahrenzonen in Deutschland, Österreich und der Schweiz. Sie können sich auf der Seite eine kostenlose App herunterladen.

Die gängigsten Giftköderarten

Rasierklingen, Schrauben, Reißzwecken, Nägel und Glas in Käsewürfel, Würstchen oder Spielzeug eingearbeitet, verursachen im Inneren des Hundeköpers große Verletzungen und tiefe Schnitte. Sie können im schlimmsten Fall zum Verbluten Ihres vierbeinigen Freundes führen.

Rattengift ist besonders heimtückisch, da es sehr langsam wirkt. Rattengift enthält Substanzen, die die Blutgerinnung hemmen, das Opfer verblutet langsam innerlich. Symptome treten meist erst einige Stunden oder sogar Tage nach der Aufnahme auf. Rattengift wird oft in Fleischbällchen oder Leberwurst ausgelegt.

Bei der Berührung oder beim Fressen von **Schneckenkorn** werden die Giftstoffe schnell freigesetzt. Sie wirken meist schon nach 30 Minuten. Gelangt das Gift aus dem Magen-Darm-Trakt in den Kreislauf, ist oftmals keine Rettung mehr möglich. Schneckenkorn ist oft in Wurst- oder Fleischködern zu finden (vgl. Seite 118 f.).

72 Wie bringe ich meinem Hund einen Notfall-Abruf bei?

Trainieren Sie mit Ihrem Hund einen Notfall-Rückruf. Dieser Rückruf soll das normale »Komm«-Signal nicht ersetzen, sondern nur in wichtigen Situationen verwendet werden. Mit dieser Übung haben Sie das richtige Werkzeug in Gefahrensituationen.

Die größte Belohnung

Finden Sie heraus, was Ihr Hund als absolutes Highlight empfindet. Ist Ihr Hund leicht motivierbar und lässt jedes Futter für ein gemeinsames Spielchen mit Ihnen liegen? Dann können Sie ein ganz besonderes Spielzeug verwenden, das Sie in Zukunft nur für diesen Zweck nutzen. Ist Ihr Hund ein leidenschaftlicher Esser, dann suchen Sie die Superdelikatesse. Viele Hunde sind für Katzenfutter aus der Dose, Lachscreme oder auch Harzer Käse sehr zu begeistern. Was für Ihren Hund besonders ist, entscheidet er.

Es gibt Ihnen so viel Sicherheit, wenn Sie wissen, dass Ihr Hund zuverlässig zu Ihnen kommt.

Notfall-Rückruf aufbauen

Ziel des Notfall-Rückrufes ist es, dass der Hund auf ein Signal hin reflexartig zu seinem Menschen zurückkehrt. Das geschieht dadurch, dass eine besonders tolle Belohnung mit einem Signal verknüpft wird. Entscheiden Sie sich für einen Rückruf, den Sie im Alltag niemals verwenden (z. B. »Yipeee«). Vor- und Nachteil eines gesprochenen Signales ist die Stimmungsübertragung. Sie können Ihren Hund anfeuern und motivieren. Nicht optimal ist es, wenn Ihr Hund die Lernerfahrung gemacht hat: »Wenn mein Mensch so aufgeregt ruft, ist irgendwo ein Hase, den hol ich mir.« Alternativ können Sie auch eine Pfeife benutzen. Sie klingt immer gleich und mehrere Familienmitgliedern können solch eine Pfeife beim Spazierengehen nutzen. Allerdings muss man sie immer dabei haben.

Suchen Sie sich nun eine möglichst reizarme Umgebung. Befindet sich Ihr Hund in Ihrer Nähe, geben Sie Ihren Notfall-Rückruf und unmittelbar danach erhält er den Jackpot, er muss nichts dafür tun. Wiederholen Sie dies drei bis fünf Mal an diesem Tag, danach einmal die Woche. Ihr Hund lernt, dass er bei diesem Signal etwas richtig Schönes bei Ihnen erwarten kann. Nach diesem Aufbau trainieren Sie den Rückruf ein bis zwei Mal im Monat, so haben Sie im Notfall einen geladenen Jackpot parat.

Mein Hund frisst draußen alles, was er finden kann

73

Viele kennen sie – die sogenannten Staubsaugerhunde. Nichts ist vor ihnen sicher und Sie können nicht schnell genug sein, um sie aufzuhalten. Sie rufen »Aus«, »Nein« oder »Pfui«, aber Ihr Hund reagiert nicht und schlingt seine Errungenschaft schnell hinunter.

Strafen hilft nicht

Vielen von uns wird die oben beschriebene Situation bekannt vorkommen. Doch was steckt dahinter? Futteraufnahme ist überlebenswichtig. Für Hunde ist es ein normales Verhalten, das zu fressen, was sie so finden (wer weiß, wann es wieder etwas gibt). Außerdem macht es Spaß, das Verhalten ist stark selbstbelohnend.

Glauben Sie, Ihr Hund wird lernen, sich nach Ihren Wünschen zu verhalten, wenn Sie an der Leine ziehen, ihn ausschimpfen oder bestrafen, sobald er draußen etwas »Köstliches« findet und es fressen möchte? Ganz im Gegenteil! Er wird denken, Sie erheben Anspruch auf die »Leckerei« und wollen sie für sich. Bisher hat Ihr Hund erfahren, dass er sich um seine »Beute« sorgen muss, wenn Sie in der Nähe sind. Keinesfalls wird er verstehen, dass sein Halter sich Sorgen macht und ihn vor Schaden bewahren möchte. Er wird künftig seine Strategie ändern und noch schneller fressen müssen, was er vorfindet, damit Sie ihm nicht in die Quere kommen. Ihr Hund wird seine »Beute« vor Ihnen in Sicherheit bringen, um sie in sicherer Entfernung fressen zu können. Wenn Sie ihm hinterherlaufen, macht ihm das vielleicht Freude und motiviert ihn dazu, noch schneller zu sein.

Im schlimmsten Fall wird Ihr Vierbeiner seine Ressource verteidigen. Das könnte er Ihnen durch Knurren oder sogar auch Zuschnappen zeigen.

Links: *Können Sie Ihren Hund lenken, sinkt die Gefahr einer Vergiftung.*
Rechts: *Strafen Sie Ihren Hund nicht, wenn er etwas frisst, denn viele schlingen dann noch schneller.*

»Liegen lassen« ist ein Signal, das den Fokus Ihres Hundes von dem Gefundenen zu Ihnen lenken soll. Wenn Sie Futter oder eine andere »Köstlichkeit« auf dem Boden entdecken und Ihr Hund bereits Interesse daran zeigt, können Sie seinen Fokus mit dem Signal erfolgreich umlenken. Mit dem folgenden Aufbau verändern wir das Gefühl des Hundes. Anstatt sich zu sorgen, dass Sie ihm die Beute streitig machen, wird er sich gerne von dem Futter ab- und sich Ihnen zuwenden.

So gehen Sie vor

Schritt 1 Sie benötigen zwei verschiedene Futtersorten (eine supertolle und eine mittelmäßige). Nehmen Sie das supertolle Leckerchen in eine Hand hinter den Rücken und das zweite in die andere Hand. Nun geben Sie Ihrem Hund mit jeweils »Nimm« nacheinander ein paar der mittelmäßigen Leckerchen zu fressen.

Schritt 2 Beim nächsten Mal sagen Sie »Liegen lassen«, schließen die Hand und führen diese neben sich zum Boden, sodass Ihr Hund nicht an das Leckerchen gelangen kann. Ignorieren Sie die bettelnden Versuche.

Schritt 3 In dem Moment, in dem sich Ihr Hund anscheinend nicht mehr für das Leckerchen auf dem Boden interessiert, loben Sie ihn und halten die Hand mit dem noch besseren Leckerchen direkt vor seine Nase. Ziehen Sie ihn damit auf die andere Seite von Ihnen. Dort darf er das supertolle Leckerchen fressen. Das ist aber noch nicht alles, denn anschließend darf Ihr Hund sich auf das Signal »Nimm« auch noch das andere Leckerchen vom Boden holen (dieser Schritt wird später natürlich wieder ausgeschlichen).

Schritt 4 Nach einigen Wiederholungen kennt der Hund den Ablauf, er hat verstanden, dass »Liegen lassen« sich nur lohnt, wenn er sich von dem Futter auf dem Boden abwendet und zu Ihnen kommt. Achten Sie darauf, dass er nicht automatisch nach dem Fressen des supertollen Leckerlis zum weniger guten rennt und sich bedient. Verlängern Sie kleinschrittig die Wartezeit, bis Sie Ihrem Hund das Findefutter klar und deutlich freigeben.

Schritt 5 Nun kommt Bewegung ins Spiel. Stellen Sie als Orientierungshilfe z. B. zwei Pylonen als Anfang und Ende einer geraden Linie auf. Legen Sie das mittelmäßige Futter auf einen Teller oder Ähnliches und stellen Sie ihn mit ausreichend Abstand neben Ihre Lauflinie. Ihr Hund sollte mitbekommen, was Sie tun. Gehen Sie nun mit ihm (abgesichert mit einer Leine) zur Startpylone – ausgestattet mit dem supertollen Futter in der Tasche.

Schritt 6 Laufen Sie von der Startpylone in Richtung Zielpylone. Nimmt Ihr Hund das ab-

Warum darf der Hund das Findefutter zunächst noch zusätzlich fressen? Der Hund hat starkes Interesse an dem Futter auf dem Boden. Würden wir es nie freigeben, bestünde die Gefahr, dass er eine der aufgeführten Strategien ausprobiert. Dadurch, dass er zunächst nach der Belohnung auch das Futter auf dem Boden noch fressen darf, nehmen wir ihm die Sorge. Ihr Hund lernt, dass sich das Abwenden von seiner »Beute« und das Zu-Ihnen-Kommen doppelt lohnt. Auch wird er sich das Findefutter erst nehmen, wenn Sie es freigegeben haben. So ist es im Ernstfall für Ihren Hund nicht so tragisch, wenn er einmal keine Freigabe bekommt.
Diese Übung ist ein guter Einstieg in ein erfolgreiches Anti-Giftköder-Training.

gestellte Futter wahr, schaut hin oder möchte hinlaufen, sagen Sie »Liegen lassen« und loben ihn. Sobald Ihr Hund sich von dem Futter abwendet und sich an Ihnen orientiert, bekommt er das supertolle Belohnungsfutter und darf sich anschließend mit »Nimm« das Futter vom Teller nehmen.

Schritt 7 Nach mehreren Trainingseinheiten wird sich Ihr Hund bei »Liegen lassen« sofort an Ihnen orientieren und sich die supertolle Belohnung bei Ihnen abholen wollen. Er kann mittlerweile entspannt an dem Futter auf dem Boden vorbeilaufen, da er weiß, dass er es sich zusätzlich verdienen kann.

Oben: *Finden Sie heraus, was Ihr Hund lieber mag.*
Unten: *Entspannung entsteht, wenn sich Mensch und Hund sicher fühlen.*

74 Wie bringe ich meinem Hund bei, etwas sofort loszulassen?

Um handlungsfähig zu sein, wenn Ihr Hund bereits etwas im Maul hat, was dort nicht hingehört, sollten Sie das freudige Abgeben mit Ihrem Vierbeiner trainieren. Auch im Alltag ist das sofortige »Ausspucken« auf Signal von sehr großem Wert.

Ein Tauschgeschäft

Bevor Sie nun mit dem Training beginnen, überlegen Sie sich, auf welches Signal (z. B. »Aus« oder »Lass fallen«) Ihr Hund das, was er im Maul hat, sofort fallen lassen soll. Achten Sie darauf, dass Sie Ihr Signal immer freundlich aussprechen. Geben Sie es mit zu viel Druck in der Stimme, wäre der Hund vielleicht gehemmt und das Training würde nicht zum gewünschten Erfolg führen.

Im ersten Trainingsschritt erzeugen Sie zunächst die Handlung, das Ausgeben. Das wird über ein Tauschgeschäft aufgebaut: Sie bieten Ihrem Hund dabei etwas viel Attraktiveres an als das, was er im Maul hat. Sie haben verschiedene Möglichkeiten, das Abgeben zu trainieren.

Abgeben über ein Beutefangspiel

Besorgen Sie sich zwei identische Spielzeuge. Am besten eignen sich geknotete Taue oder Spielzeuge an einem Band. Ihrem Hund sollte es auf keinen Fall möglich sein, beide gleichzeitig tragen zu können. Wenn er das andere haben möchte, muss er das, was er gerade trägt, erst fallen lassen. Starten Sie Ihr Spiel

Links: *Nicht jeder Hund ist begeistert, wenn er sein Spielzeug abgeben soll.*
Rechts: *Bieten Sie Ihrem Hund eine Alternative, ihm soll die Übung Spaß machen.*

mit einem Spielzeug, das andere verstecken Sie hinter Ihrem Rücken. Erzeugen Sie mit dem einen Spielzeug einen Beutecharakter und animieren Sie Ihren Hund, es zu »jagen«. Hat er es sich geschnappt, lassen Sie es sofort los. Freuen Sie sich mit Ihrem Hund über seinen Erfolg. Nun zaubern Sie die zweite »Beute« hervor und starten ein neues, aufregendes Spiel.
Ihr neues Spielzeug soll nun viel interessanter erscheinen als das, was Ihr Hund schon trägt, da es sich bewegt und man es jagen kann. Ihr Hund wird sich nun auf das neue stürzen und das alte fallen lassen. Dieses Spiel wiederholen Sie einige Male. Sie haben nun mehrmals in Folge Ihren Hund dazu gebracht, etwas aus dem Maul fallen zu lassen. Damit Ihr Hund das neue Signal mit dem Ausgeben verknüpfen kann, sollten Sie darauf achten, welche Handlung oder Bewegung Ihren Hund dazu bringt, das Maul zu öffnen. Wenn es beispielsweise der Griff nach dem zweiten Spielzeug ist, geben Sie Ihr Signal »Aus« unmittelbar (ca. 0,5 Sekunden) vor Ihrer Handlung. Nach einigen Trainingseinheiten werden Sie feststellen, dass Ihr Hund bereits auf das Signal »Aus« hin das Spielzeug fallen lässt und nach neuer Beute sucht.

Abgeben über Futter

Eine weitere Möglichkeit, das Ausgeben zu trainieren, ist der Futtertausch. Hierzu benötigen Sie eine feste Kaustange (z. B. Büffel- oder Rinderhaut). Lassen Sie Ihren Hund in die Kaustange beißen und darauf herumkauen, halten Sie sie aber weiterhin fest. Achten Sie bitte darauf, dass es zu keinem Zerrspiel kommt. Führen Sie Ihrem Hund nun ein ganz fantastisches Futterstück direkt vor die Nase. Sie sollten vorher unbedingt die Qualität des Tauschobjektes getestet haben. Das könnten Käsewürfel, Leberwurst aus der Tube, Fleischwurst oder Ähnliches sein. Probieren Sie ein wenig herum. Die Übung ist nur erfolgreich, wenn Ihr Hund etwas Besseres zum Tausch angeboten bekommt. Was besser ist, entscheidet er, auch das kann sich ändern. Während Ihr Hund das Futterstückchen frisst (seine Belohnung für das Tauschen), verschwindet die Kaustange außer Sichtweite hinter Ihrem Rücken, damit Ihr Hund nicht sofort wieder nachfassen kann. Später kann er sie gern wiederhaben. Nach einigen Wiederholungen wird der Hund das Futter freudig fallen lassen, da er verstanden hat, dass er etwas Besseres angeboten bekommt. Jetzt ist der richtige Zeitpunkt für die Signaleinführung. Sie geben Ihr »Aus«, kurz bevor Sie ihm das Tauschobjekt vor die Nase halten. Funktioniert das gut und Ihr Hund arbeitet fleißig mit, steigern Sie langsam den Schwierigkeitsgrad im Training. Halten Sie die Kaustange nicht mehr fest, wenn Sie Ihr Signal geben. Noch ein wenig anspruchsvoller wird es, wenn Ihr Hund nicht weiß, wofür er die Kaustange fallen lässt, er die Belohnung also nicht direkt vor der Nase hat, sondern erst nach dem Fallenlassen von Ihnen bekommt.

Ihr Hund lernt, dass er etwas davon hat, wenn er abgibt, was Sie von ihm haben wollen.

75 Wie gewöhne ich meinen Hund an einen Maulkorb?

Es gibt unterschiedliche Situationen, in denen der Einsatz eines Maulkorbes sinnvoll oder sogar vorgeschrieben ist. Daher sollte jeder Hund frühzeitig daran gewöhnt werden, damit der Maulkorb im Notfall nicht zu einem zusätzlichen Stressfaktor wird.

Positive Verknüpfung

Schritt 1 Sorgen Sie zunächst für eine möglichst reizarme Umgebung, Ihr Hund sollte sich wohlfühlen und ungestört mit Ihnen arbeiten können. Halten Sie den Maulkorb in einer Hand und legen Sie ein paar besonders gute Leckerli hinein. Lassen Sie Ihren Hund nun die Leckerli daraus fressen. Leckermäuler, die ihre Nase nicht so einfach irgendwo hineinstecken möchten, kann man meistens mit Leberwurst überzeugen. Hierzu einfach das Innere des Maulkorbes damit beschmieren und den Hund abschlecken lassen. Wichtig ist, dass der Hund seinen Kopf selbstständig hineinsteckt, Sie sich also nicht mit dem Maulkorb zu ihm hinbewegen. Hat Ihr Hund aufgefressen, ziehen Sie den Maulkorb wieder weg. Dies wiederholen Sie mehrmals einige Tage lang. Versuchen Sie jetzt bitte noch nicht, den Maulkorb zu schließen.

Bringen Sie Ihrem Hund von klein auf bei, dass ein Maulkorb Spaß macht. Umso lieber trägt er ihn später.

Schritt 2 Ihr Hund findet den Maulkorb schon richtig gut und möchte den Kopf unbedingt hineinstecken, um ein tolles Leckerli zu fressen? Prima, dann können Sie das Verharren im Maulkorb kleinschrittig verlängern. Halten Sie Ihrem Hund den Maulkorb wie gewohnt offen hin, allerdings, ohne ihn zuvor mit Leckerchen befüllt zu haben. Steckt Ihr Hund seinen Kopf nun freiwillig hinein, belohnen Sie ihn mit Leckerli, die Sie von außen hineinstecken.

Schritt 3 Halten Sie den Maulkorb weiterhin fest und füttern Sie Ihren Hund von außen durch das Gitter. Bewegen Sie sich langsam rückwärts, während Ihr Hund weiterfrisst. Dadurch, dass sich das freiwillige »Verfolgen« für ihn lohnt, lernt er, den Kopf aktiv im Maulkorb zu halten. Ihr Hund wird nicht durch ein Überstülpen bedrängt, sondern der Maulkorb wird zu etwas sehr Angenehmen.

Schritt 4 Nun können wir vorsichtig mit dem Schließen des Maulkorbes beginnen. Legen Sie die Riemen über den Hals, während Ihr Hund frisst, und halten Sie sie mit den Fingern im Nacken kurz zusammen. Ist das für Ihren Vierbeiner kein Problem und bleibt er auch nach einigen Wiederholungen völlig entspannt, können Sie die Schnalle schließen, Ihren Hund füttern und die Riemen gleich wieder öffnen. Zeigt Ihr Hund auch hierbei keinerlei Verunsicherung, kann in den nächsten Trainingseinheiten der Maulkorb immer länger geschlossen bleiben. Auch hier gilt es, nur kleinschrittig die Dauer zu verlängern.

Schritt 5 Der Hund soll nun damit vertraut gemacht werden, dass Sie den Maulkorb loslassen und er ihn selbstständig trägt. Dazu üben Sie in kleinen Einheiten, lassen den Maulkorb kurz los und halten ihn nach kurzer Zeit wieder fest. Belohnen Sie anschließend Ihren Hund wie gewohnt mit Leckerli von außen. Verlängern Sie nach und nach die Zeitspanne, in der Sie den Maulkorb nicht festhalten. Üben Sie das selbstständige Tragen mit Ihrem Hund auch, während er in Bewegung ist, indem Sie ihn zum Beispiel den Leckerchen nachlaufen lassen. So ist er abgelenkt und wird keine Zeit haben, sich am Maulkorb zu stören. Belohnen Sie Ihren Liebling immer wieder von außen, um die Dauer des Tragens zu verlängern. Achten Sie darauf, rechtzeitig den Maulkorb wieder abzunehmen und das Training in guter Stimmung zu beenden.

Schritt 6 Integrieren Sie nun kurze Trainingseinheiten in Ihren Alltag. Ihr Hund sollte den Maulkorb für etwas ganz Normales halten. Üben Sie mit ihm das Tragen des Maulkorbes an verschiedenen Orten oder bauen Sie kurze Trainingseinheiten in Ihre Spaziergänge ein. Geben Sie ihm, während er den Maulkorb trägt, kleine Aufgaben, die er bereits gut beherrscht. Loben Sie Ihren Hund immer wieder zwischendurch und legen Sie den Maulkorb rechtzeitig nach jeder Einheit beiseite.

Schritt 7 Möchte Ihr Hund, sobald Sie den Maulkorb präsentieren, nun freudig seinen Kopf hineinstecken? Prima, dann hat alles gut funktioniert und Sie haben alles richtig gemacht. Jetzt haben wir den richtigen Zeitpunkt gefunden, um ein passendes Signal einzuführen. Dazu geben wir das neue Signal (z. B. »Mauli« oder »Anziehen«) kurz vor dem bisherigen Auslöser (Präsentieren des Maulkorbes). Die Reihenfolge sollte dann so aussehen: Hörzeichen (»Mauli«) geben – Sie zeigen den Maulkorb – Ihr Tier steckt freudig den Kopf hinein. Zwischen dem Hörzeichen und dem Präsentieren des Maulkorbes sollten idealerweise nur 0,5 Sekunden liegen, damit der Hund Signal und Handlung miteinander verknüpfen kann.

Welcher Maulkorb darfs denn sein? Egal ob groß oder klein, lange oder kurze Nase, die Auswahl an Maulkörben ist sehr groß. Gut geeignet sind Korbausführungen aus Draht, Kunststoff oder Leder. Manche Maulkörbe sind mit einer zusätzlichen »Fressbremse« ausgestattet, die das Aufnehmen von »Delikatessen« verhindert. Häufig werden auch Netzmaulkörbe zum Schutz vor Giftködern empfohlen. Ungeeignet für das Training jedoch sind Maulkörbe, mit denen der Hund weder trinken noch hecheln kann. Wenn Sie sich unsicher sind, lassen Sie sich bitte von einem Fachmann beraten.

76 Clickertraining beim Anti-Giftköder-Training?

Im Markertraining wird ein konditioniertes Signal genutzt, um das gewünschte Verhalten Ihres Hundes punktgenau zu »markieren«. Das kann sowohl das Geräusch eines Clickers sein wie auch ein gesprochenes Markerwort. Der Einsatz ist schnell und effektiv.

Wozu es gut ist

Der Clicker ist ein sehr wertvolles akustisches Hilfsmittel zur Kommunikation mit Ihrem Hund. Richtiges Timing ist im Training sehr wichtig. Durch einen Click vermitteln Sie Ihrem Hund, dass er für das Verhalten, das er jetzt in diesem Moment zeigt, eine Belohnung bekommt. Der Vorteil von richtig umgesetztem Markertraining ist, dass man sich nur auf das gewünschte Verhalten konzentriert. Der Hund wird durch positive Verstärkung trainiert, das erhöht die Kooperationsbereitschaft und reduziert Stress. Es wird komplett ohne Strafe gearbeitet. Der Hund versteht sehr schnell, welches Verhalten gewünscht ist, die Wahrscheinlichkeit für Fehlverknüpfungen wird reduziert. Hier ein Beispiel: Sie möchten Ihrem

Links: *Zuerst ist ein Clicker ein neutraler Gegenstand für Ihren Hund.*
Rechts: *Hat Ihr Hund das Prinzip des Clickers verstanden, ist es ein tolles Trainingsmittel.*

Hund das »Sitz« beibringen. Auf Ihr Signal »Sitz« setzt sich der Hund prompt hin. Prima. Nun kramen Sie das Leckerli aus der Tasche und halten es Ihrer folgsamen Fellnase hin. Sie steht auf, um es in Empfang zu nehmen. Was ist schiefgelaufen? Ihr Hund hat den Verstärker für das Aufstehen bekommen, wir haben nicht schnell genug das gewünschte Verhalten (das Sitzen) belohnen können. Mit dem Clicker können wir uns Zeit verschaffen. In dem Moment, in dem der Hund seinen Po auf den Boden bringt, clicken wir. Dem Tier wird damit klar, dass das gewünschte Verhalten das Hinsetzen ist. Sie müssen nicht unbedingt einen Clicker benutzen.

Eine Alternative ist die Verwendung eines Markerwortes. Es sollte eindeutig sein und im Alltag möglichst nicht verwendet werden. Suchen Sie sich ein kurzes Wort aus, das sich ausgesprochen möglichst immer gleich anhört, wie zum Beispiel »Top«, »Tip«, »Yep« oder »Klick«. Eingesetzt wird es auf die gleiche Weise wie der Clicker.

Wie konditioniere ich mit einem Clicker?

Damit das Geräusch des Clickers eine Bedeutung für Ihren Hund bekommt, müssen Sie es zunächst einmal mit Bedeutung »aufladen«. Das erfolgt über eine klassische Konditionierung. Wir verbinden das zunächst bedeutungslose Geräusch des Clickers mit einem positiven Gefühl, sodass der Hund motiviert ist, zusammen mit Ihnen und dem Clicker zu arbeiten.

Gehen Sie wie folgt vor: Suchen Sie sich eine möglichst reizarme Umgebung. Legen Sie sich 10 bis 15 kleine, gut schluckbare Leckerchen beiseite. Nun clicken Sie und geben Ihrem Hund unmittelbar danach (!) ein Leckerli. Zu Beginn ist es wichtig, dass der Click und die Belohnung zeitlich sehr eng aufeinanderfolgen, damit eine positive Verknüpfung stattfindet. Achten Sie unbedingt darauf, erst nach dem Click zu dem Leckerli zu greifen. Nur so kündigt alleine das Geräusch den Keks an und nicht vielleicht eine unbewusste Bewegung Ihrerseits. Wiederholen Sie diesen Schritt einige Male. Ihr Hund hat nichts weiter zu tun, er bekommt quasi Leckerchen fürs Nichtstun. Um zu testen, ob er das Geräusch mit dem Futter verknüpft hat, warten Sie ab, bis er seinen Kopf zur Seite dreht. Ertönt der Click und er schaut sich sofort erwartungsvoll nach einem Leckerli um, ist die Verknüpfung aufgebaut. Sie können also mit dem Training starten. Jeder Click verspricht nun zuverlässig ein Leckerchen. Das wird auch immer so bleiben, Versprechen werden nicht gebrochen.

Anti-Giftköder-Training

Beim Anti-Giftköder-Training ist es wichtig, dass der Hund lernt zu verharren, sich also nicht gleich auf die verlockende Beute zu stürzen. Im Idealfall stoppt er vor gefundenem Futter. Um das zu erreichen, muss Ihr Tier verstehen, dass das Zögern das gewünschte Verhalten ist und es sich so richtig für ihn lohnt. Für den Hund ist es eigentlich ein völlig verrücktes Verhalten. Normalerweise findet man etwas und frisst es. Nun wollen wir diesen Ablauf ändern. Nimmt Ihr Hund etwas Fressbares auf dem Boden wahr und verharrt – wenn auch nur ganz kurz –, ist das genau der richtige Moment, um zu clicken. Sie sagen Ihrem Hund damit: »Ja, das ist genau richtig! Das Verhalten möchte ich haben, das ist prima.« Wenn Sie fleißig trainiert haben, wird sich Ihr Hund gleich nach dem Clickgeräusch von dem Futter abwenden und seine tolle Belohnung bei Ihnen abholen wollen. Diesen wichtigen Augenblick ohne Markersignal zu verstärken, ist fast nicht möglich.

77 Wie bringe ich meinem Hund dazu, mir Giftköder anzuzeigen?

Viele Hundehalter lassen ihre Hunde aus Sorge vor Giftködern nur noch sehr ungern frei laufen. Haben Sie auch so ein Exemplar, das alles frisst, was ihm vor die Nase kommt? Bringen Sie Ihrem Hund bei, »Fressbares« anzuzeigen – es ist gut investierte Zeit!

Anzeigeverhalten

Wie soll Ihr Hund Ihnen zukünftig zeigen, dass er etwas scheinbar Fressbares gefunden hat?

Zu Beginn des Trainings müssen Sie Ihren Hund gut beobachten.

Egal für welches Anzeigeverhalten Sie sich entscheiden, es sollte auf jeden Fall klar erkennbar sein, auch wenn Sie sich nicht in unmittelbarer Nähe befinden. Auch sollte der Hund das Verhalten möglichst gerne ausführen. In der Praxis hat sich das »Sitz« als Anzeige bewährt. Sie können auch ein Bellen, Stehen oder Anschauen als Anzeigeverhalten wählen. »Platz« ist nicht sehr günstig, da sich Ihr Hund in dieser Position sehr dicht beim Futter befindet. Viele Hunde mögen sich auch nicht überall hinlegen, schon gar nicht bei Nässe oder Kälte.
Haben Sie sich für ein Anzeigeverhalten – z. B. »Sitz« – entschieden, sollte Ihr Hund in der Lage sein, es auch bei starker Ablenkung zu zeigen. Bevor Sie mit dem Training beginnen, ist eine Feinzieldefinition für das »Sitz« notwendig.

Was genau soll Ihr Hund tun?

Er soll sich nur auf Ihr Hörzeichen »Sitz« hinsetzen. Das ist wichtig, damit Ihr Hund das Signal auch mitbekommt, wenn Sie sich außerhalb seines Sichtfeldes befinden. Machen Sie einen Test: Stellen Sie sich mit dem Rücken zum Hund und sagen Sie »Sitz«. Setzt Ihr Hund sich hin, ist alles in Ordnung, wenn nicht, benötigt er wahrscheinlich zusätzlich ein Sichtzeichen wie z. B. einen erhobenen Zeigefinger. Bei manchen ist der Auslöser auch der Griff in die Tasche mit den Leckerli. Beobachten Sie genau, was Ihren Hund veranlasst, sich zu setzen. Die Überschattung (z. B. die

Zeigefingergeste) sollte dann wieder ausgeschlichen werden, damit Ihr Hund auch allein auf das Hörzeichen reagiert.

Das erreichen Sie, indem Sie wie folgt trainieren: Geben Sie Ihrem Hund das Signal »Sitz«, erst danach heben Sie den Zeigefinger, geben also das optische Signal, das Ihren Hund dazu veranlasst, seinen Popo auf den Boden zu bringen. Setzt er sich hin, belohnen Sie ihn. Nach ein paar Wiederholungen (je nach Typ werden mehr oder weniger benötigt) wird Ihr Hund sich bereits hinsetzen, wenn Sie Ihm das Hörzeichen »Sitz« geben, und er wird nicht mehr auf den Zeigefinger warten. Wenn es so weit ist, haben Sie die Überschattung erfolgreich eliminiert.

Wann soll er es tun?

Innerhalb von zwei Sekunden, nachdem der Hund das Hörzeichen vernommen hat, sollte er sich setzen. Passen Sie die Zeit an Ihren Hund an, ein Leonberger beispielsweise wird mehr Zeit benötigen als ein Border Collie. Hat Ihr Hund Freude an der Aufgabe und wird für schnelles Hinsetzen besser belohnt als für langsames, wird er seinen Hintern in Zukunft schneller auf den Boden bekommen.

Wie lange soll er es tun?

Der Hund soll sitzen bleiben, bis Sie ihm ein Auflösesignal (»Okay« oder »Weiter«) geben. Nachdem sich Ihr Hund auf Ihr Signal hin gesetzt hat, belohnen Sie Ihn mit einem Leckerli. Damit ist die Übung für ihn beendet. Mit einem Auflösesignal legen Sie nun die Dauer des Sitzenbleibens fest. Dazu geben Sie Ihrem Hund ein »Sitz« und warten kurz, geben Ihr »Okay« und der Hund erhebt sich aus der Sitzposition, damit er nun das verdiente Leckerchen fressen kann. Sie verlängern das Sitzenbleiben, indem Sie ein bisschen länger warten, bis Sie Ihr Auflösesignal und den Verstärker geben. Funktioniert das richtig gut, erhöhen Sie den Schwierigkeitsgrad und trainieren an verschiedenen Orten mit verschiedenen Ablenkungen.

Wo soll er es tun?

Ihr Hund soll sich dort hinsetzen, wo er sich gerade befindet, sobald er das Hörzeichen vernimmt. Die meisten Hunde sind es gewohnt, sich in unserer Nähe hinzusetzen, sie laufen bei einem »Sitz« also automatisch erst zu ihrem Menschen, bevor sie das Signal ausführen. Geben Sie Ihrem Hund ein »Sitz«, wenn er einen bis zwei Meter von Ihnen entfernt ist. Setzt er sich dort an Ort und Stelle hin, hat er sich einen Keks verdient. Sollte er versuchen, zu Ihnen zu laufen, brechen Sie diesen Versuch ab und starten einen neuen. Ansonsten sollten Sie den Abstand zu Ihrem Hund erst einmal wieder verringern. Geben Sie Ihrem Hund ein erneutes freundliches »Sitz«.

Eine weitere Übung ist das Hinsetzen aus der Bewegung. Somit generalisiert der Hund das Signal und die Übung fällt ihm bei der Anzeige losgelöst von Ihnen leichter.

Was sollte mein Hund für die Anzeige noch können? Das gewünschte Anzeigeverhalten wurde zunächst gesondert trainiert, Ihr Hund befolgt Ihr Signal also auch bei Ablenkung. Auch ist es von Vorteil, wenn er sich von Fressbarem bereits gut abrufen lässt. Ihr Vierbeiner sollte Gefundenes liegen lassen können, nicht weil er gehemmt ist, sondern weil er gelernt hat, dass es sich lohnt, das Futter nicht aufzunehmen (siehe dazu auch Seite 128).

Die Vorbereitung

Sie benötigen zwei verschiedene Leckerli (ein mittelmäßiges und ein sehr wohlschmeckendes), einen Behälter oder ein Glas mit Deckel und einen Clicker. Kennzeichnen Sie mit zwei Pylonen eine gerade Strecke, die Sie mit Ihrem Hund ablaufen werden.

Legen Sie ein paar Geht-so-Leckerchen in einen Behälter oder ein Glas und stellen Sie das Gefäß auf halber Strecke ab. Sie können auch gern den Deckel mit Löchern versehen, damit Ihr Hund das Futter gut wahrnehmen kann. Ein Sieb oder Ähnliches über das Futter gestellt, erfüllt ebenfalls seinen Zweck, stellen Sie nur sicher, dass Ihr Hund das Futter nicht sofort aufnehmen kann.

Zeigen statt Fressen

Nehmen Sie Ihren Hund an eine Leine und verwenden Sie, für den Fall dass Ihr Hund im Eifer des Gefechts doch einmal plötzlich vorpreschen sollte, ein gut sitzendes Geschirr. Laufen Sie nun mit Ihrem Hund die Strecke von einer Pylone zur nächsten ab und lassen Sie ihn zum Futter gehen. Durch das Training von »Liegen lassen« (siehe Seite 128 f.) wird Ihr Hund schon in der Lage sein, beim Wahrnehmen von Futter kurz innezuhalten. In dem Moment, in dem Ihr Hund nun das Futter wahrnimmt, geben Sie ihm ein nettes »Sitz«. Setzt sich Ihr Hund vor dem Futter hin, clicken Sie und belohnen Sie sein Verhalten großzügig mit den sehr guten Leckerchen. Danach geben Sie auch noch das Findefutter frei, das heißt, Ihr Hund darf zusätzlich das Futter aus dem Behälter fressen. Was für ein Fest! Wiederholen Sie das Ganze mehrere Male. Wenn Sie das Gefühl haben, Ihr Hund hat die Aufgabe verstanden, warten Sie ab, ob er sich auch schon ohne Ihr Signal vor dem Futter positioniert. Es könnte sein, dass Ihre Fellnase anfangs noch ein wenig zögerlich ihren Po auf den Boden bringt, das ist normal. Im Laufe des Trainings wird sich Ihr Hund immer sicherer werden, er weiß nun, dass er gefundenes Futter anzeigen soll, wenn er eine Belohnung möchte.

Wird Ihr Hund übermütig und möchte sich das Futter sofort einverleiben, halten Sie die Leine einfach fest und warten Sie ab, bis er sie wieder lockert. Setzt Ihr Hund sich auf Ihre erneute Aufforderung hin, gibt es einen Click und einen Keks. Die Freigabe für das Findefutter bleibt diesmal aus.

Die nächsten Schritte

Weil Sie so fleißig trainiert haben, setzt sich Ihr Hund sofort hin, sobald er das Futter wahrgenommen hat. Nun können Sie den Schwierigkeitsgrad erhöhen. Verlängern Sie das Sitzenbleiben vor dem Futter und erhöhen Sie die Entfernung zwischen Ihnen und dem Findefutter. Schauen Sie auch, ob Ihr Hund sich hinsetzt, obwohl Sie weiterlaufen. Klappt das alles richtig gut, beginnen Sie mit frei zugänglichem Futter zu trainieren. Ihr Hund ist weiterhin mit einer Leine abgesichert, Sie werden also verhindern können, dass er ohne Ihre Freigabe Erfolg hat. Üben Sie in kurzen Einheiten und erschweren Sie jeweils nur eine Komponente. Trainieren Sie bitte nicht gleichzeitig z. B. Dauer und Entfernung, das könnte zu viel für Ihren Hund sein. Gutes Training ist erfolgreich!

Oben: *Der Hund sieht die tollen Leckerchen …,*
Unten links: *… bekommt sie aber erst, wenn er sitzt.*
Unten rechts: *Sie werden sehen, wie schnell Ihr Hund demnächst erst nach Freigabe frisst.*

Stichwortverzeichnis

J

K

L

M

N

O

P

R

S

T

U

V

W

Z

Danksagung/Bildnachweis

Wir danken dem Verlag für die unkomplizierte Zusammenarbeit, ebenso unseren Teilnehmern und Kunden, an denen wir auch jeden Tag wachsen dürfen. Ein besonderer Dank für die Unterstützung bei diesem Buch gilt unserem Team sowie Anna Auerbach und allen mitwirkenden Zwei- und Vierbeinern für die schönen Fotografien. Und letztlich ein großes Dankeschön an unsere Familien.

Bildnachweis

Alle Fotos von Anna Auerbach, mit Ausnahme von:
2shrimpS – shutterstock.com: 107l
4 PM production – shutterstock.com: 121
Africa Studio – shutterstock.com: 30
Anna Hoychuk – shutterstock.com: 85r
Annette Shaff – shutterstock.com: 86
Best dog photo – shutterstock.com: 48
bmf-foto.de – shutterstock.com: 16l
Canon Boy – shutterstock.com: 54
Cindy Hughes – shutterstock.com: 8
dezy – shutterstock.com: 6
dezy – shutterstock.com: 98
Dmytro Vietrov – shutterstock.com: 2/3
elbud – shutterstock.com: 115u
evrymmnt – shutterstock.com: 89ul
Ildi Papp – shutterstock.com: 122
kikovic – shutterstock.com: 33
Kitti Kulapanpaichit – shutterstock.com: 63
Melounix – shutterstock.com: 134r
Mickedin – shutterstock.com: 119r
Ri_na – shutterstock.com: 74
travelview – shutterstock.com: 12r
Tyler Olson – shutterstock.com: 103r

Über die Autoren

Kristina Ziemer-Falke und **Jörg Ziemer** widmen sich voll und ganz der Ausbildung von Hunden und Hundetrainern. Sie betreiben ein eigenes Schulungszentrum für Hundetrainer. Beide haben zahlreiche Aus- und Weiterbildungen absolviert und bereits einige Bücher verfasst.

Impressum

Bibliografische Information der Deutschen Nationalbibliothek
Die Deutsche Nationalbibliothek verzeichnet diese Publikation in der Deutschen National-bib-liografie; detaillierte bibliografische Daten sind im Internet über http://dnb.d-nb.de abrufbar.

Umschlagkonzeption und Gestaltung: BLV-Verlag
Umschlagfotos: Anja Auerbach

Lektorat: Elena Gabler
Herstellung: Angelika Tröger
Layoutkonzept Innenteil: Angelika Tröger
Layout/DTP: Anton Walter, Gundelfingen

BLV Buchverlag GmbH & Co. KG
80636 München

Gedruckt auf chlorfrei gebleichtem Papier

Printed in Germany
ISBN 978-3-8354-1859-2

Hinweis
Das vorliegende Buch wurde sorgfältig erarbeitet. Dennoch erfolgen alle Angaben ohne Gewähr. Weder Autoren noch Verlag können für eventuelle Nachteile oder Schäden, die aus den im Buch vorgestellten Informationen resultieren, eine Haftung übernehmen.

 www.facebook.com/blvVerlag